COUP-D'ŒIL

SUR L'AGRICULTURE

ET

LES INSTITUTIONS AGRICOLES

DE QUELQUES

CANTONS DE LA SUISSE,

PAR MATTHIEU BONAFOUS.

> C'est par l'état plus ou moins
> florissant de l'agriculture qu'on
> peut juger partout du bonheur
> des peuples.
>
> CHAPTAL, *Chimie appliquée à*
> *l'agriculture.*

PARIS,

MADAME HUZARD (NÉE VALLAT LA CHAPELLE),
LIBRAIRE, rue de l'Éperon, n°. 7 ;

A GENÈVE,

BALLIMORE ET CHERBULIEZ, LIBRAIRES.

1829.

A MESSIEURS LES MEMBRES

DE LA

SOCIÉTÉ ROYALE D'AGRICULTURE

DE TURIN.

COUP-D'ŒIL

SUR L'AGRICULTURE

ET

LES INSTITUTIONS AGRICOLES

DE QUELQUES

CANTONS DE LA SUISSE (1).

J'AI visité rapidement une partie de la Suisse occidentale, et j'ai aperçu une si grande variété d'objets dignes de fixer l'attention des agriculteurs, que je regrette de n'avoir pu consacrer assez de temps à l'excursion que j'y ai faite.

Néanmoins, j'ai crayonné quelques notes que j'ose vous communiquer, dans l'espoir qu'elles pourront faire naître, chez des agronomes qui en ont le loisir, la pensée de refaire et de compléter le travail dont je vous présente une ébauche imparfaite.

A chaque pas, le sol de l'Helvétie leur offrira

(1) Mémoire lu à la Société royale d'Agriculture de Turin.

des contrastes qui pénètrent l'âme de plaisir, d'espérances et de regrets. Près d'un riant paysage, on trouve l'aridité du désert, et souvent une source impétueuse, en descendant de la montagne, porte autour d'elle la fraîcheur et la fertilité. Toutes les vallées ont des zones de température différentes ; leur élévation au dessus de la mer, leur constitution géologique et le plus ou moins d'ouverture qu'elles donnent aux courans de l'atmosphère, déterminent des nuances remarquables dans les productions du sol, dans la culture des céréales, des pâturages, des vignobles et dans la croissance des forêts. Enfin le voisinage des glaciers, les combats que les vents se livrent et l'irrégularité des saisons tromperaient souvent les vœux des cultivateurs, s'ils ne luttaient contre ces désavantages par un travail opiniâtre, des mœurs frugales, de sages institutions et un amour inexprimable pour le sol de la patrie !

J'entrai dans la Suisse par le canton de Genève, dont l'état de perfection auquel l'agriculture est arrivée pourrait servir de réponse aux économistes, qui croient que les grandes propriétés sont indispensables à l'avancement de cet art.

Un de mes premiers soins fut de visiter le dépôt des machines aratoires, situé à l'entrée du
Jardin botanique de Genève. On y conserve
les modèles d'instrumens dont l'application est
jugée utile à l'agriculture du pays, et on y admet ceux que les constructeurs de machines veulent y exposer; on leur accorde assez souvent des
avances pécuniaires pour encourager leurs travaux. Les murs sont garnis de nombreux dessins
tous relatifs à diverses branches de l'économie
rurale.

Les artisans trouvent dans ce dépôt des modèles à imiter, et les cultivateurs des machines
à choisir; parmi celles-ci, je distinguai les suivantes :

1°. *La charrue-taupe.* Elle diffère des charrues
ordinaires en ce qu'elle porte à l'extrémité, au
lieu du soc, un cylindre de fer pointu, de 15 à
18 pouces de long sur 8 de large, disposé de
manière à se maintenir à une profondeur de 16
à 18 pouces dans la terre, où il trace un sillon
couvert, tandis qu'un coutre placé en avant divise légèrement la superficie du sol. Ces canaux
souterrains, à peu près semblables à ceux que
forment les taupes, et que l'on fait aboutir à un
fossé commun, servent à l'écoulement des eaux
stagnantes. L'usage de cette charrue serait chez

nous d'une utilité réelle dans beaucoup de localités pour assainir des prairies humides sans enta-
mer sensiblement leur surface.

2°. *Une herse mécanique*, de l'invention de
M. Machon, pour ameublir le sol et extirper
les mauvaises herbes. Cette herse est composée
d'un châssis en bois armé de quatre rangs de
lames placées dans un ensemble parallèle, de
manière à ce que les raies formées par les lames
du premier passent entre les lames du deuxième,
et ainsi de suite. Ces dents, au nombre de cin-
quante-trois, ont 6 pouces de longueur et se
rapprochent de la forme d'une lame de couteau.
Le châssis est soutenu par six petites roues, dont
quatre d'environ 1 pied de diamètre aux angles,
et 2 au milieu, de 15 à 16 pouces. Ces roues
montent et descendent à volonté sur leurs axes,
au moyen des coulisses en fer dont elles sont garnies. Par cette disposition, on peut faire pénétrer
les pointes dans le sol, depuis une ligne jusqu'à
4 à 5 pouces. Deux petits chariots, soutenus par
deux grandes roues, sont adaptés à la herse, et
servent à la transporter facilement et à la débar-
rasser des herbes qu'elle a entraînées pendant le
travail : ce qui s'opère à l'aide d'un treuil, autour duquel s'enroulent des courroies attachées
au châssis.

Les cultivateurs qui ont fait l'essai de cette herse diffèrent d'opinion : les uns en trouvent les dents trop courtes et trop rapprochées, ce qui contrarie sa marche et entraîne beaucoup de mottes de terre; les autres se félicitent de l'emploi de cette machine, et entre ceux-ci je mentionnerai M. Bellamy-Aubert, qui a essayé l'instrument sur un sol léger semé en luzerne. Cette plante avait presque été étouffée par les mauvaises herbes; la herse y passa deux fois, et enleva plus d'un tombereau d'herbes traçantes sans endommager la luzerne, qui reprit une nouvelle vigueur. Il paraît que si cette herse présente des inconvéniens à l'égard des terres fortes et humides, elle offre des avantages réels sur les terres sèches et légères.

3°. Enfin, je mettrai sous vos yeux un *semoir* que je dois à la complaisance du Comité d'agriculture, chargé de la direction de ce dépôt. Cet instrument, qu'un seul homme peut conduire comme une brouette, est composé d'une boîte de ferblanc, formée de deux cônes évasés, qui se réunissent à leur base et qui ont 10 pouces de diamètre. La boîte, dans laquelle on introduit la graine, est percée, sur sa plus grande circonférence, de douze trous, de 7 lignes en carré, recouverts d'un tiroir percé, au moyen duquel

on forme une ouverture proportionnée à la gros-
seur de la graine que l'on sème. Ces trous laissent échapper les graines, par une trémie, dans
un tube qui les verse dans le trait formé par un
petit soc attaché au tube; une seconde roue,
large de 4 pouces et placée derrière, les recou-
vre en passant légèrement sur le sol. La boîte
est mise en mouvement par une chaînette ten-
due entre deux poulies, l'une fixée sur l'axe
de la boîte, et l'autre, deux fois plus grande,
sur celui de la roue de devant.

Pour espacer à volonté les graines, il suffit
d'ouvrir ou de fermer plus ou moins de trous;
et lorsqu'on veut semer à plus ou moins de profondeur, il faut élever ou baisser le soc, ou seulement hausser ou baisser la roue de derrière,
dont les supports en fer sont percés de trois
trous pour obtenir cet effet.

Des crampons, qui sont fixés devant, servent
à attacher une corde, au moyen de laquelle
un homme ou un cheval traîne le semoir lorsque la terre est trop forte pour qu'un seul homme
puisse le pousser. Tel est le semoir que j'expose
aujourd'hui à votre attention, en me réservant
de vous faire connaître plus tard ce que l'expérience m'aura enseigné sur son emploi.

Le Conservatoire de Genève possède aussi

l'araire de Roville, la charrue américaine, l'extirpateur anglais, fabriqué par M. Molard, à
Paris, le sarcloir de Durand et la plupart des
machines imaginées ou adoptées par M. de Fellenberg; mais comme je me proposais de les examiner à Hofwyl, je ne fixai point alors mon attention sur elles.

M. Fazy, agronome et économiste distingué,
secrétaire de la classe d'agriculture de la Société
des arts, et M. Bertrand, l'un de ses collègues,
me conduisirent dans deux établissemens dont
le but se rattache d'une manière spéciale aux
progrès de l'économie rurale du canton. Leur
influence sur le bonheur des campagnes et le
service que vous rendriez à notre agriculture
en provoquant chez nous des fondations de
cette espèce me déterminent à entrer dans quelques détails sur ces deux institutions; l'une
est connue sous le nom d'*École rurale de Carra*,
et l'autre, sous celui d'*École rurale de Villette*.

On doit sans doute aux succès de l'École des
pauvres, que M. de Fellenberg a instituée à
Hofwyl, la pensée d'en fonder une pareille à
Genève; celle-ci fut d'abord destinée à recevoir les enfans dont l'hôpital se trouvait sur-
chargé. On était auparavant dans l'usage de les

placer à la campagne, et l'on exigeait des maîtres de ces enfans qu'ils leur fissent fréquenter les écoles et suivre les instructions religieuses du pasteur de la paroisse ; mais quelque assidue et paternelle que fût leur surveillance, elle ne pouvait les préserver de tous les inconvéniens attachés à leur position. En réunir un certain nombre dans une école organisée sur le plan de celle d'Hofwyl était le moyen, tout à la fois, de leur donner une éducation meilleure qu'ils ne pouvaient la recevoir isolément, et d'en former des domestiques instruits et honnêtes, des fermiers capables et des économes habitués à l'ordre.

On fut bientôt d'accord sur les bases de l'institution projetée, le point essentiel consistait à trouver un maître capable de la diriger. M. de Fellenberg, consulté à cet égard, désigna, comme susceptible de se former pour cette place difficile, le jeune Eberhardt, né au village de Céligny, dans le canton de Genève, et alors en apprentissage de charron à Hofwyl. Il dirigea, dès ce moment, l'éducation d'Eberhardt dans un sens conforme à sa destination ; il consentit à recevoir deux enfans de l'hôpital de Genève, afin de les accoutumer au régime de l'école, et en faire, pour ainsi dire, le noyau de l'établissement génevois. On songea ensuite au choix d'un local, et celui sur lequel on avait d'abord jeté les yeux n'ayant pu convenir, M. Vernet-Pictet mit à la disposition des fondateurs une maison contiguë au domaine qu'il possède dans le village de *Carra*, situé au delà de Chesnes, dans la commune de Bessinges : cette maison se trouve indépendante de l'habitation principale ; elle a une cour fermée et des bâtimens qui peuvent servir à loger le bétail et à recevoir les récoltes. Ce citoyen généreux offrit de faire travailler les élèves sur son domaine, et d'affermer à l'école quelques portions de terrain. Ses offres furent acceptées, et, au printemps de 1820, on fit venir à Carra le jeune Eberhart, ainsi que les deux élèves qui avaient séjourné à Hofwyl, et on les réunit dès lors à plusieurs autres enfans de l'hôpital.

Afin de ne pas trop multiplier les premières difficultés, on n'augmenta leur nombre que peu à peu, en y admettant aussi des enfans présentés par le bureau de bienfaisance ou recommandés par des particuliers ; il s'élève aujourd'hui à vingt-cinq, et l'étendue du local ne permettrait pas de le porter au delà.

Les soins et la capacité d'Eberhardt répondirent à l'attente des fondateurs ; il règle lui-même et distribue l'ouvrage, accompagne les enfans au travail, leur donne des leçons à la portée de leur intelligence et ne les perd jamais de vue. Les détails de ménage sont soignés par la femme d'Eberhardt, qui le seconde dans ses efforts pour imprimer aux élèves des habitudes de docilité, d'ordre et de propreté. La culture de la terre forme leur principale occupation. Ils travaillent tous ensemble, le maître à leur tête, ou divisés en deux ou trois bandes; et, dans ce cas, celui qui, dans chaque division, a plus de droit à la confiance du maître, surveille ses camarades et rend compte de ce qui s'est fait. Les travaux ont lieu d'abord sur une étendue de 15 poses (1) affermées à l'école. Le reste du temps, ces jeunes cultivateurs travaillent sur le domaine de M. Vernet-Pictet, en prenant des ouvrages à prix-faits ou à la journée : celle-ci est fixée à raison de neuf heures pour toute l'année, et le travail se paie sur le nombre d'heures qu'ils ont employées; ce qui laisse à Eberhardt la faculté de régler l'ouvrage comme il le juge convenable, et de le proportionner à leurs forces. Ils soignent de plus trois vaches, deux porcs et quelques mou-

______

(1) La pose de Genève est d'environ 27 ares.

tons. Les vaches, accoutumées au trait, servent aussi au labourage.

Lorsque le travail de la terre manque, ou que la saison empêche d'y vaquer, on occupe les élèves dans un atelier de charronnage, au battage du blé, à des ouvrages de vannerie ; ils tressent des chapeaux de paille, tricotent, filent, aident le tailleur, le cordonnier et le sabotier qu'on emploie dans la maison à confectionner les vêtemenset le s chaussures des élèves. On leur apprend à lire, à écrire et à compter ; on leur enseigne le chant sacré, un peu de dessin ; on leur fait aussi connaître les noms, les caractères et les propriétés des plantes les plus usuelles, qu'ils vont recueillir et dessèchent eux-mêmes.

Parmi les livres qu'on leur donne à lire ou à extraire, je remarquai les *Annales agricoles de Roville,* par M. Mathieu de Dombasle, dont Eberhardt leur explique les passages au dessus de leur portée ; *les Secrets de Jean-Nicolas Benoît,* ouvrage élémentaire du même auteur, écrit dans le goût du *Bon homme Richard,* de Franklin ; l'*Abrégé d'agriculture* par demandes et par réponses, de M. Lullin, espèce de catéchisme appliqué à l'agriculture locale; et enfin les *Bulletins* que la *Classe d'agriculture* de la Société des arts de Genève publie dans le but d'appeler l'attention des cultivateurs sur toutes les améliorations dont l'économie rurale du canton est susceptible.

Un des principaux moyens d'encouragement employés par Eberhardt consiste dans de bonnes notes accordées comme récompenses. Chacune d'elles représente un demi-sou. La possession d'un peu d'argent a permis d'établir de légères amendes dont le produit est employé à l'achat de quelque objet d'un usage général, au choix des enfans. Quant aux sommes qui, à la fin de l'année, restent entre leurs mains, on leur enseigne à en ménager l'emploi; ou on les place, sous leur nom, à la Caisse d'épargnes de la ville de Genève : elles servent à leur acheter un petit trousseau à l'époque où ils sortent de l'établissement.

L'école de Carra, fondée par le professeur Pictet, le conseiller Pictet de Rochemont, et M. Boissier-Lefort, doit son maintien à leur contribution annuelle, et aux dons volontaires de quelques autres personnes qui désirent coopérer à la stabilité d'une institution aussi utile. Parmi les causes qui influent sur son succès, il en est une que je dois vous révéler : c'est la douce et ingénieuse vigilance que madame Vernet-Pictet exerce sur l'école; les soins et le dé-

vouement de cette excellente femme lui ont valu
des titres à l'attachement de tous les élèves, à
la reconnaissance des familles et à l'estime de
la société.

L'école rurale de Villette a un but plus loua-
ble encore que celui de l'école de Carra. Celle-
là, établie une année plus tard, doit sa fonda-
tion à quelques dames génevoises qui, alarmées
du progrès de l'immoralité chez les jeunes filles
du canton, et croyant en apercevoir la cause
dans le contact de parens vicieux avec des enfans livrés à leurs penchans naturels, se réu-
nirent pour arrêter la marche du mal en for-
mant un établissement à la campagne, afin de
les soustraire aux mauvais exemples et en faire
de simples et laborieuses ménagères. Dès les
premiers pas, ces dames se virent embarrassées
soit pour la localité, soit pour trouver des gouvernantes qui pussent répondre à leur projet.
Elles furent bientôt soulagées d'une partie de
leur sollicitude par la proposition généreuse d'un
propriétaire du canton, qui leur offrit une ferme
attenante à son domaine, situé à Villette, et en
même temps leur promit une surveillance journalière. Cette circonstance facilita l'exécution du
plan, et deux gouvernantes, choisies dans la
classe des agriculteurs et distinguées par l'habi-

2

tude du travail, de l'ordre et des vertus prati-
ques, furent mises à la tête des jeunes filles
comme exemple à suivre et comme modèle à
imiter.

Les directrices, au nombre de treize, surveillent toutes les occupations ; elles se sont par-
tagé les soins qu'exige l'établissement ; et, outre
ces soins spéciaux, elles exercent une surveillance exacte, dont elles rendent compte par
écrit. Les bases qu'elles ont posées comme règles
fondamentales sont celles-ci :

Pour qu'une fille soit admise, elle doit être
née dans le canton, et avoir des parens inca-
pables de lui donner une éducation morale ; il
faut encore une déclaration par laquelle ils s'en-
gagent à confier, pour un temps déterminé, l'enfant qu'ils présentent, aux conditions dont on
leur a donné connaissance. Cet acte décide de
son admission. D'autres conditions nécessaires
aussi, mais qui varient selon les cas particuliers, sont convenues mutuellement avant l'entrée de l'enfant.

Depuis six ans, cet établissement prospère :
il contient maintenant vingt élèves, et des con-
sidérations de salubrité ne permettant pas d'ac-
cumuler les lits dans les dortoirs, on ne peut
guère dépasser ce nombre. En été, elles vont,

toujours accompagnées d'une gouvernante, travailler chez différens propriétaires, aux ouvrages
de la campagne; à la ferme, elles apprennent,
suivant la méthode lancastérienne (1), à lire,
écrire, compter, et font toutes sortes d'ouvrages
d'aiguille; en hiver, plus renfermées dans leur
demeure, elles sont exercées avec plus de soins
dans ces différentes études; elles teillent, filent
le chanvre, tressent des pailles, etc.

Les élèves les plus âgées surveillent les plus
jeunes et en sont responsables. On échange, deux
fois par année, les bonnes notes contre de l'argent, qui est placé à la Caisse d'épargnes sous
le nom de l'enfant. Telle est l'école de Villette
que je ne quittai point sans faire des vœux pour
en voir former de semblables dans nos campagnes, où les moyens d'opérer le bien sont trop
rarement proportionnés au désir de le faire.

De là, nous nous rendîmes au village de
Lancy, dans lequel la mémoire de Charles Pic-

---

(1) Lancaster ne fut point l'inventeur de cette méthode,
comme on le croit communément; elle était pratiquée
dans l'Inde, depuis des siècles, lorsqu'un voyageur ita-
lien, Pierre della Valle, qui se trouvait, en 1618, dans
l'Indoustan, fut le premier à la faire connaître. (*Voyez*
Viaggi di Pietro della Valle, Roma, 1662, 4 vol. in-4°.)

tet excitera long - temps la reconnaissance des cultivateurs qui recueillent aujourd'hui le fruit des améliorations dont il leur a légué l'exemple. Le fils de cet agronome, héritier de son domaine et de ses connaissances rurales, y entretient un troupeau de cinq cents mérinos environ, dont le noyau, sorti de Rambouillet, il y a trente ans, a transmis aux animaux qui en sont issus les qualités propres à la toison espagnole la plus pure. Non seulement il n'y a pas eu, par le changement de pâturages et de climat, la plus légère trace de dégénération, mais encore l'abondance, la longueur, la douceur du brin, le nerf, l'élasticité et l'absence du jarre se retrouvent au plus haut degré après tant d'années révolues. Un tel exemple, disait M. Pictet, peut répondre à ceux qui s'imaginent que les toisons dégénèrent par le climat et la nourriture. Le secret de cet agronome consiste dans sa persévérance à choisir des étalons dignes de soutenir la vieille réputation du troupeau de Lancy. On porte à quatre mille le nombre des mérinos qui existent dans le canton de Genève, c'est à dire sur un espace de huit lieues carrées, tandis que celui des bêtes à laine commune ne s'élève pas à plus de mille.

M. Fazy, aussi obligeant que profondément

instruit, me ramena à la ville, en me mon-
trant, dans le hameau de Cartigny, une machine
écossaise nouvellement établie pour le battage
des céréales. La construction de cette machine,
connue de toutes les personnes qui s'occupent de mécanique agricole, consiste principalement en un gros tambour formé de barres de
bois fixées parallèlement sur deux cercles de fer.
Ce tambour, tournant rapidement sur son axe,
à l'aide d'un manége, frappe le blé, qui lui est
amené dans le sens de sa longueur par une paire
de cylindres cannelés. Le grain, détaché de l'épi,
passe à travers un crible, et le chaume se trouve
entraîné par la vitesse imprimée au tambour. Le
blé tombe ensuite dans une trémie, qui le conduit
dans un tarare, où il reçoit une parfaite épura-
tion.

Au moyen d'une modique rétribution, tous les
cultivateurs des alentours sont appelés à jouir des
avantages qu'elle présente : ces avantages sont
de ne laisser aucun grain dans la paille, de rendre celle-ci plus propre à la nourriture des chevaux, d'éviter, dans les pays où l'on ne bat point
en grange, les inconvéniens de la pluie, qui en-
dommage les gerbes, ou en fait retarder le battage, et enfin de faire autant d'ouvrage que
trente batteurs au fléau. On compte déjà plu-

sieurs machines du même genre dans le canton, et l'on en distingue une, entre autres, établie à Carouge, qui est mue par une petite chute d'eau.

En revenant à la ville, mon attention se porta alternativement sur la culture soignée des prés artificiels et des champs de pommes de terre ou de sarrasin ; sur la bonne tenue des vignes et des haies ; sur la propreté des fossés d'écoulement qui bordent les routes ; sur le bon état des chemins vicinaux et la perfection des labours, exécutés la plupart au moyen de la charrue belge, à laquelle M. Machet, mécanicien de Lancy, a fait plusieurs changemens qui ont été adoptés ou modifiés.

Cette charrue, telle que je l'ai observée, paraît plus forte que la charrue belge proprement dite (1). L'age est un peu plus long, pour avoir plus de solidité dans la raie. L'oreille est plus haute et plus courbée à sa partie supérieure, afin de mieux retourner la terre. Le coutre est fixé au devant du soc et s'appuie contre lui, pour éviter que la terre ne se place entre le coutre et le soc ; ce qui arrivait lorsqu'ils étaient rappro-

____

(1) Celle-ci est figurée et décrite dans le IVe. vol. du *Dictionnaire d'agriculture*. Paris, Déterville, 1821.

chés sans être adhérens. Une plaque de fer couvre tout l'espace opposé à l'oreille, à gauche de la charrue, afin que la terre glisse contre la plaque, au lieu de s'introduire sur le talon. Ces charrues portent indifféremment, à l'extrémité de l'age, ou un sabot ou une roue qui se hausse ou s'abaisse à volonté et ne touche le sol que dans le cas de secousses.

Depuis plusieurs années, quelques propriétaires font labourer leurs vaches sans qu'elles éprouvent une diminution sensible dans la production du lait; mais la plupart emploient aussi des bœufs, et s'appliquent à en améliorer l'espèce. Pour cela, ils croisent la race du pays avec celle du canton de Schwitz, qu'ils préfèrent à la race fribourgeoise, en ce qu'elle résiste mieux au changement de climat et à l'infériorité du fourrage. On porte à huit mille le nombre des bêtes à cornes du canton de Genève.

S'il fallait maintenant déterminer les causes de l'esprit d'amélioration que j'ai remarqué dans les diverses branches de l'économie rurale de ce canton, nous les attribuerions 1°. à l'instruction que l'on répand dans les campagnes, source première de toute amélioration; 2°. à la culture des sciences naturelles, que des savans d'un ordre supérieur professent avec succès; 3°. et à l'influence d'une Société consacrée à l'avancement de l'agriculture, qui ne publie que des instructions à la portée des simples cultivateurs; elle leur accorde des honneurs ou des primes en argent, des instrumens utiles ou des graines de plantes économiques; elle expose à leur attention les meilleures machines et provoque entre eux de fréquentes réunions, où chacun s'éclaire par le récit de leurs expériences et de leurs procédés.

Je quittai Genève, et en suivant la rive septentrionale du lac Léman, je me dirigeai sur Lausanne. A peine touche-t-on le canton de Vaud, dont cette ancienne cité est le chef-lieu, que l'on rencontre une institution agronomique qui appelle sur elle toute l'attention des cultivateurs; je veux parler d'une ferme expérimentale que M. Auguste de Staël a établie à Coppet dans les terres dépendantes du château où Necker, son aïeul maternel, s'était retiré après avoir été ministre d'État de Louis XVI.

Cette ferme se compose de trois domaines peu éloignés les uns des autres. M. de Staël y a introduit tous les genres d'améliorations admissibles, par l'établissement des prairies artificielles et des cultures sarclées; mais c'est vers le perfectionnement des bêtes à laine et des chevaux qu'il a surtout dirigé ses soins.

Dans ce but, il a converti en prairies ses terres arables d'une nature froide et argileuse, ainsi que celles qui ne servaient que de parcours. Tout ce qui n'a pas été susceptible d'irrigations a été couvert de sainfoin ou de trèfle. Les prairies marécageuses ont été assainies au moyen de la charrue-taupe, et par l'emploi de différens genres de *composts* ou mélanges de terre, de fumier et de chaux en proportions diverses. Ayant ensuite recherché quelle était la race de moutons la plus avantageuse à introduire en Suisse, ce propriétaire éclairé reconnut, dans un voyage qu'il fit en Angleterre, en 1823, que celle que l'on doit au célèbre Backwell avait une charpente délicate et demandait de trop riches pâturages pour pouvoir réussir sur ceux de la Suisse; tandis que la race *cottswold,* plus robuste, habituée sur les collines à des herbes moins succulentes, présentait plus de chances de succès. Il choisit donc quatre béliers et six brebis de cette race, et joignit à ce petit troupeau quelques individus de la race *southdown,* qui a remplacé toutes les autres à courte laine dans les comtés du midi et du centre de l'Angleterre.

La race *cottswold* se distingue par l'absence des cornes ; une tête légèrement busquée chez le mâle, presque droite chez la femelle, et moins fine que dans la race de Leicester ; les oreilles petites et dressées, l'épine dorsale droite, le rein large et carré, la poitrine ouverte, les jambes courtes et fortes, la peau d'une couleur rose très prononcée et une laine abondante et tassée, égale, très nerveuse et de la longueur de près d'un pied.

La race *southdown* tire son nom des collines méridionales de l'Angleterre, où elle est fort répandue. Moins grosse que la précédente, plus agile et aussi robuste, on la reconnaît à l'absence des cornes et à ses oreilles droites, à sa tête et à ses jambes d'un brun grisâtre, à une large poitrine, au train de derrière un peu plus élevé que celui de devant ; la laine ordinairement est blanche, fortement tassée, très égale, moins fine que les belles laines mérines, très supérieure pourtant à celle des races indigènes ou métisées. Son élasticité la fait préférer chez les Anglais aux toisons espagnoles pour la fabrication des draps forts destinés à résister à la pluie ; mais à ces qualités les animaux de cette race joignent l'avantage de s'engraisser facilement de très bonne heure et à peu de frais ; c'est principalement sous cette dernière considération que M. de Staël l'a introduite dans son pays, afin de communiquer aux mérinos les qualités qui leur manquent pour tirer de leur chair un revenu avantageux toutes les fois que la laine se vend mal.

Telles sont les deux races anglaises importées à Coppet, l'une à longue laine, destinée à fournir aux manufacturiers du Continent un lainage qui leur manque, et l'autre, à laine courte, qui réunit à l'élasticité de la toison l'avantage d'un prompt et facile engraissement. Non seulement il les maintient dans toute leur pureté, mais encore il les allie avec la race espagnole, avec la wurtembergeoise, avec celles de la vallée de Frutigen dans le canton de Berne, et notre grande race de la Lomelline (1), dont mon estimable confrère, M. de Cavour, a le premier cherché à affiner la longue laine en alliant plusieurs brebis avec ses beaux béliers de Leicester. En un mot, la persévérance et les lumières de M. de Staël font espérer qu'il parviendra à obtenir des laines longues qui seront en

____

(1) Cette race vient d'être introduite par madame Laurent aux environs de Lyon.

même temps fines et tassées, ainsi que de produire des animaux d'un volume supérieur à celui
des mérinos.

M. de Staël, en établissant un haras, s'est proposé le même but que dans l'éducation des bêtes
à laine : celui de créer des types de nouvelles
races de chevaux supérieures à celles de la contrée qu'il habite. Convaincu que les pays de grande
culture peuvent élever des chevaux communs à
un prix beaucoup plus bas que ceux où la petite
culture porte très haut la valeur du sol, il a
pensé qu'il convenait de n'élever dans la Suisse
que des animaux supérieurs, et il a fait choix,
en conséquence, des individus les plus distingués.
Ainsi, à l'aide de plusieurs animaux de pur
sang arabe, habitués depuis plusieurs généra-
tions aux pâturages, et au climat de la Grande-
Bretagne, et conservés par une longue suite de
soins bien entendus, cet agronome a pris à tâche
d'affiner les chevaux suisses, qui ont généralement les pieds trop gros, les jambes chargées
de poils, et n'ont ni l'aplomb ni le degré de vi-
vacité désirables.

Il élève d'abord ses poulains jusqu'au se-
vrage dans une écurie ouverte, entourée d'un
parc où ils ont la liberté de se promener. Pour
les sevrer, on les envoie dans une autre ferme,

où ils jouissent d'un parcours plus spacieux, et dès ce moment on leur donne de l'avoine con-cassée. A la seconde année, et vers le mois de juin, on les mène à la montagne, sur la chaîne du Jura, qui entoure le pays de Vaud; livrés à eux-mêmes, ils se familiarisent à une tempéra-ture plus rude; ils acquièrent cette allure plus libre et plus assurée que donnent les mouvemens d'un terrain montueux, et en automne ils des-cendent dans la vallée, où ils profitent encore des pâturages qui succèdent aux regains.

Tous les résultats de leur éducation, toutes les circonstances dignes d'être observées sont consignés sur un registre que l'on communique aux agriculteurs, invités, chaque année, à as-sister à une réunion consacrée à la vente d'un cer-tain nombre de chevaux et de bêtes à laine amé-liorés. La première de ces réunions agricoles offrit surtout un grand intérêt par la présence de plu-sieurs savans étrangers, au nombre desquels on distinguait M. Huzard, inspecteur général des écoles vétérinaires de France.

Mais à peine ai-je tracé ces lignes, qu'on m'annonce qu'une mort prématurée est venue arracher M. de Staël à ses doctes expériences (1).

____

(1) Il est décédé le 17 novembre 1827.

Riche d'un nom célèbre dans les fastes de la littérature, il en eût augmenté l'éclat en l'associant à celui des Daubenton, des Tessier et des Pictet, dont les bienfaits pénètrent tous les jours sous le toit de l'opulence et dans la chaumière du pauvre.

Les cultivateurs du canton de Vaud, un des plus productifs de la Suisse, donnent une si grande extension à leur industrie pastorale, qu'ils ne peuvent cultiver tout le blé nécessaire à leur consommation. Mais il n'en est pas de même par rapport à la vigne : le pays de Vaud produit, à lui seul, autant de vin que tout le reste de l'Helvétie.

Depuis Coppet jusqu'à Lausanne, je suivis une chaîne de montagnes calcaires, élevée à 1,5oo pieds au dessus du lac, couverte de vignobles qui produisent un vin blanc analogue à celui du Rhin, et connu sous le nom de *vin de la Côte*. C'est surtout entre Lausanne et Vevey, sur les rochers du Jorat, dans le territoire de Lavaux, que la culture de la vigne paraît portée à son plus haut degré de perfection : il existe même près de Saint-Saphorin des vignobles tellement privilégiés par leur exposition et la nature du sol, que la valeur d'un arpent, d'environ 4o,ooo pieds, s'élève jusqu'à 15,ooo francs.

Les vignes, le plus ordinairement, sont plantées en quinconce à un pied et demi de distance ;

leur cep ne s'élève qu'à 7 pouces à peu près et produit trois ou quatre sarmens, qu'on taille en général sur deux yeux et qu'on lie à des échalas en bois de sapin ou de mélèze de 4 à 5 pieds d'élévation : par là, les raisins sont assez élevés pour ne pas traîner sur la terre et assez rapprochés du sol pour recevoir en même temps l'action réfléchie et directe du soleil.

On laboure le sol trois ou quatre fois par année avec le *fossoir*, sorte de houe à fer court et étroit, à manche long et légèrement recourbé, et on le fume plus ou moins souvent selon la nature du terrain, ou l'âge de la vigne. Le plant que l'on préfère porte des grains blancs et peu serrés; il est connu des vignerons du pays sous le nom de *fendant*, et se multiplie ou par des provigne-mens, ou par la greffe. On regarde cette variété comme moins sujette à couler, et l'on dit que son raisin se vide moins facilement lorsqu'il est frappé par la grêle.

Je fis une station de plusieurs jours dans la ville de Lausanne, située entre le lac de Genève et une antique forêt de chênes qui la domine. Les campagnes qui l'environnent présentent une culture pittoresque et très variée. Parmi les plantes qu'on y a récemment introduites, je remarquai une variété de chou-colza que je crois

préférable à celle que nous cultivons, en ce que
ses rameaux ne partant généralement de la tige
qu'à un pied de terre, au lieu de sortir du col-
let de la racine, ses graines se dispersent moins
facilement, lors de la récolte, et leur maturité
est plus simultanée. On ne sème ordinairement
cette crucifère qu'après les céréales; et au lieu
de répandre la graine avec la main, quelques
cultivateurs se servent d'une bouteille dont le
bouchon est traversé par un tuyau de plume
d'un calibre proportionné à la semence.

A l'époque de mon séjour à Lausanne, on
paraissait alarmé d'une épizootie dans l'espèce bo-
vine, attribuée gratuitement par quelques personnes à la feuille des noisetiers, que les vaches
broutent contre les haies. J'appris aussi que plusieurs propriétaires essayaient de nourrir leur
bétail avec du foin cuit à la vapeur et saupoudré
de sel. Ils espèrent trouver dans cette innova-
tion le double avantage de l'économie et de la
salubrité. Le procédé consiste à renfermer les
herbes dans des caisses de bois hermétique-
ment jointes, dont le fond est percé de trous, à
travers lesquels s'introduit la vapeur d'une chaudière placée au dessous.

Je pris ensuite la route de Neufchâtel en passant par plusieurs villages, entre autres celui de Cossonay, où une plantation de vieux mûriers qui ombragent le chemin atteste encore les tentatives que l'un des propriétaires, M. Gaulis, avait faites pour élever des vers à soie. Déjà, en 1785, il avait nourri une couvée de dix onces et demie avec la feuille de ces mûriers, qui lui produisirent huit cents livres de bons cocons. Un succès aussi remarquable doit faire regretter que M. Gaulis n'ait point mis dans ses travaux la persévérance nécessaire, et qu'aujourd'hui la dépouille de ces arbres ne serve qu'à la nourriture des bestiaux.

J'arrivai le même jour à Yverdun (1), jolie petite ville, que je ne mentionne ici qu'afin de parler d'une association rurale qu'on y a formée pour la vente et l'emploi du lait. A cet effet, plusieurs propriétaires ont choisi un local peu éloigné de la ville, dans lequel ils ont établi un berger et sa famille ; chaque jour, ils y envoient le lait de leurs vaches ; arrivé au dépôt, on le mesure, on l'enregistre et on l'examine scrupuleusement. S'il s'en trouve de malpropre ou de trop clair, qui ne soutienne pas les épreuves auxquelles on le

______

(1) Pestalozzi n'y était plus ; il est mort à Brougg, dans le canton d'Argovie, le 27 février 1827.

sommet, on le jette, et l'on ne met en vente que celui qui a soutenu l'examen. On envoie ce lait à la ville chez les abonnés, et l'excédant est transformé, dans la laiterie, en crême, beurre, lait écrémé, fromages et petit-lait. Chaque semaine, un des associés est chargé de l'inspection des travaux. La supériorité du lait vendu par le dépôt, la certitude d'y trouver de la crême exempte de toute fraude et du beurre parfaitement frais en font débiter les produits avec avantage ; les consommateurs y gagnent, et les producteurs plus encore, puisque leur lait, qu'ils en aient peu ou beaucoup, est toujours avantageusement employé.

De là, je me dirigeai vers le pays de Neufchâtel, qui n'est qu'à quelques lieues de distance : soumis à la monarchie prussienne, sous le titre de principauté, il forme, dans ses rapports avec la Suisse, un canton dont l'étendue est de 36 lieues carrées.

Ses habitans, quoique généralement livrés aux arts mécaniques, ne négligent point la culture de la terre, et la vigne leur fournit, à elle seule, les moyens de se procurer tous les grains dont ils manquent.

En parcourant la rive occidentale du lac, qui se prolonge depuis la ville d'Yverdun jusqu'à celle de Neufchâtel, je passai à travers un grand nombre de riches vignobles, qui tapissent les coteaux du Jura et s'étendent jusqu'aux rives du lac. Je ne m'arrêtai qu'à Boudry, dont les campagnes environnantes produisent des vins rouges qui ne le cèdent en bonté qu'à celui de Cartaillod, où se trouvent les meilleurs vignobles du canton.

L'importance que les Neufchâtelois attachent à la culture de la vigne a dû nécessairement les porter à constater l'effet des appareils proposés, dans ces derniers temps, pour soutirer des nuages le fluide auquel on attribue la formation de la grêle, et, à l'exemple des habitans du pays de Vaud, un grand nombre d'entre eux élevèrent une multitude de paragrêles dont le conducteur métallique était inséré dans de longues perches de sapin, distantes de 200 mètres environ les unes des autres. Il m'eût fallu séjourner sur les lieux pour examiner si les expériences avaient été con-duites de la manière la plus propre à amener un résultat positif. Tout ce que j'ai pu savoir, c'est qu'un orage de grêle, survenu dans la journée du 3 août, avait maltraité si violemment les vi-gnobles des cantons de Neufchâtel et de Vaud, dans les localités munies ou dépourvues de cette armure, que la plupart des propriétaires ont été saisis de découragement ; ce qui fait croire qu'ils ne donneront plus à leurs essais tout le temps qu'ils peuvent demander pour être décisifs.

Enfin j'arrivai dans le canton de Berne, le plus remarquable de la Suisse sous le rapport de l'économie rurale et alpestre.

A peine eus-je traversé la rivière de Thièle, que des forêts majestueuses, entretenues avec soin et régulièrement espacées, m'annoncèrent l'importance que l'on met à leur conservation. La sombre verdure de ces bois contrastait avec celle des prairies artificielles, qui, de toutes parts, me retraçaient les efforts que Tschifeli a faits, dans le siècle dernier, pour introduire cette culture, devenue depuis lors une des principales sources de la richesse agricole des Bernois.

Des habitations rurales, que je rencontrai çà et là, annonçaient que les cultivateurs de cette contrée font consister leur luxe dans une propreté encore inconnue dans nos campagnes. Plusieurs fermes présentent sur un des côtés des élévations en terre pratiquées de manière qu'on peut conduire les voitures jusqu'au grenier.

Il serait difficile de se figurer l'intelligence avec laquelle ces hommes laborieux dirigent leurs irrigations et emploient toutes les substances propres à fertiliser leurs terres. Ils forment avec de

grosses tresses de paille une espèce d'encadre-
ment de 4 à 6 pieds d'élévation, dans lequel ils
entassent la litière des étables, et où ils font
aboutir les urines des bestiaux, les égouts de l'habitation et les eaux pluviales qui découlent de leurs
toitures. Tout près de cette espèce de meule, ils
creusent une fosse d'une dimension proportionnée, en communication avec l'étable, et dans laquelle s'écoule la partie liquide du fumier, qu'ils
mélangent avec plus ou moins d'eau.

D'autres cultivateurs font mieux encore : le
plancher ou le sol de leur étable entraîne, par sa
pente, les excrémens du bétail dans un canal qui
règne le long du mur parallèle au râtelier, et
dans lequel on introduit de l'eau. Ce canal, traversé par plusieurs petits ponts, communique à
des fosses dont la capacité correspond au nombre
des animaux, de manière à être remplies dans
une semaine. Ces fosses sont ordinairement au
nombre de cinq, afin que le liquide reste tran-
quille pendant la fermentation, qui dure à peu
près un mois.

Pour extraire cet engrais, auquel on donne le
nom de *lizier*, ils se servent, ou d'un seau armé
d'un long manche, ou d'une petite pompe en bois,
et ils le transportent sur les terres dans des ton-
neaux disposés de manière qu'il s'en échappe

comme l'eau dont on arrose nos promenades pu-
bliques. Il ne manque à la perfection de cette
méthode qu'un léger toit de chaume , comme on
le pratique en Angleterre et en Belgique pour
empêcher l'effet des fortes pluies , des neiges ou
des rayons desséchans du soleil (1).

Des vaches ou des bœufs indifféremment ,
seuls ou associés à des chevaux , servent au la-
bour des champs. La charrue en usage présente
un avant-train et une seule oreille, qui se place
alternativement de l'un ou de l'autre côté. Le soc,
forgé et plat, est cloué sur le sep. On y adapte
deux coutres tranchant le sol à des profondeurs
inégales et sur la même direction; mais cette
charrue, longue et basse, demande une force
motrice telle, que je vis jusqu'à cinq paires de
bœufs employées à la tirer dans une terre de
moyenne consistance.

Arrivé dans la capitale du Gouvernement bernois, assise sur un plateau très élevé au dessus de
l'Aar, M. Brunner, savant professeur de chimie,
et M. Wagner, secrétaire de la Société économique de Berne, m'accompagnèrent chez

(1) Voyez l'*Instruction sur l'emploi des engrais liquides*, rédigée par le professeur De Candolle, et insérée dans
le Bulletin *de la Classe de l'agriculture*, de la Société des
arts de Genève ; 3e. année , no. 28.

un des agronomes les plus éclairés du canton,
M. Tscharner, qui nous fit voir sa ferme dans
tous les détails, ses prairies naturelles et artificielles, ses meules de fumier si habilement cons-
truites , ses cultures de pommes de terre et ses
magnifiques bêtes à cornes, les plus belles de la
contrée, ses granges spacieuses et solidement
bâties en bois de sapin. On s'étonnerait de voir
des corps de ferme aussi considérables par rapport
aux terres qui en dépendent, si l'on ne réflé-
chissait que les fréquentes intempéries ne per-
mettent pas de former des meules de céréales
ou de foin en plein air, et que pendant l'hiver les
cultivateurs ont à loger un grand nombre de bestiaux, qui vivent sur la montagne durant toute la
saison du pâturage. M. Tscharner satisfit avec
bonté à toutes les demandes que je lui fis sur
l'économie rurale du canton; il s'étendit sur la
difficulté d'élever les bêtes à laine superfine dans
le climat de Berne, dont l'humidité, en im-
prégnant la toison de ces animaux , occasione un
défaut de transpiration toujours nuisible à leur
santé. Cet agronome ne pensait pas non plus qu'il
fût avantageux de multiplier la race ovine sur
les montagnes , à cause du piétinement continuel
des brebis, qui ameublit la couche végétale, que
les eaux pluviales ne tardent pas à entraîner avec

elles. La race que l'on élève dans le pays est de haute taille ; sa laine est grossière et ne se vend que de 8 à 9 *batzen* la livre.

C'est sous la présidence de M. Tscharner que la Société économique de Berne a conçu l'heureuse idée de former entre les propriétaires une association dans le but de se garantir mutuellement leurs récoltes contre les dommages de la grêle : à cet effet, elle a établi des bases qui offrent toute la sécurité que l'on peut rechercher.

Tout cultivateur, qu'il soit propriétaire, fermier, métayer ou vigneron, peut être admis à l'association, pourvu que la valeur qu'il a à assurer soit au moins de 200 livres, et toute commune ou village peut se faire recevoir comme simple membre.

Chaque sociétaire fixe lui-même annuellement la somme qu'il peut faire assurer comme représentant la valeur présumée de sa récolte future, et c'est d'après cette évaluation que l'on règle l'indemnité à accorder, ainsi que la contribution qui pourra être exigée de lui. Afin que le sociétaire dont les propriétés seraient plus exposées aux désastres n'abuse pas de la circonstance pour faire des profits illicites, et que celui dont les propriétés seraient moins exposées, en raison des localités, puisse faire assurer des récoltes sans être obligé de se soumettre à des contributions qu'il jugerait trop élevées pour lui, toute espèce d'exagération est interdite; mais il est permis à chacun de fixer cette valeur aussi bas qu'il le juge convenable.

La somme déterminée, étant le *maximum* de l'indemnité qu'il doit prétendre, dans le cas d'une destruction totale de ses récoltes par la grêle, il ne peut de même, et dans aucun cas, être exigé de lui au delà de ce qui est fixé pour sa contribution. La Société ne répond que du montant des sommes qu'elle a perçues, déduction faite des frais d'administration. L'estimation des dommages se fait d'après l'état de la récolte telle qu'elle existait au moment où la grêle l'a frappée.

Les récoltes admises à l'assurance se divisent en deux classes : la première se compose des céréales, des plantes oléifères et légumineuses; la deuxième comprend les récoltes qui restent plus long-temps exposées aux dangers de la grêle, ou qui sont de nature à éprouver des dommages plus considérables, telles que la vigne, le tabac, etc. Toutes les herbes qui ne sont pas destinées à porter graine, ainsi que les fruits, sont exclus de l'assurance.

Mais l'esprit de prévoyance, dans cette contrée essentiellement agricole, ne s'est pas limité à as-

surer les fruits de la terre contre un météore tel
que la grêle, il a recherché les moyens de diminuer les calamités qui dérivent des maladies
épizootiques, et dans ce but le Gouvernement
a formé, depuis l'année 1804, une caisse d'assurance, dont les fonds proviennent d'un droit de
timbre qu'il perçoit sur les certificats de santé
auxquels sont soumis tous les animaux que l'on
mène aux marchés. Cette caisse compte actuel-
lement 51,000 francs, et ce fonds, d'après une
ordonnance du 17 juin 1827, doit s'accroître jusqu'à la concurrence de cent mille. Les indem-
nités sont payées à raison des trois quarts de la
valeur du bétail abattu, qui, à l'ouverture, se
trouve sain, et de la moitié pour celui qui est
infecté. On ne paie rien pour le bétail qui a péri,
excepté dans le cas d'une extrême pauvreté. Tout
propriétaire de bestiaux est responsable des dommages et passible d'une peine, parce que l'on a
considéré, avec raison, que les épizooties ne font
jamais de grands progrès lorsque, dès l'origine,
on leur oppose des mesures convenables. Plusieurs autres cantons, tels que ceux de Vaud et
de Genève, ont établi, à l'imitation de celui de
Berne, des caisses qui ont la même destination.

Enfin, le peuple bernois doit à la sagesse de

son Gouvernement la possession d'un vaste grenier, où l'on met en réserve pour les années de stérilité le surplus des années d'abondance. Cet
édifice est à trois étages, dans lesquels le blé
peut couler de l'un à l'autre jusqu'au rez-de-
chaussée, d'où on le fait remonter par des poulies
aux étages supérieurs. On emploie ce moyen pour
le *ventiler*, lorsque l'humidité ou la chaleur en
fait sentir le besoin; mais la parfaite conservation du blé dans ce dépôt dépend surtout de la
dessiccation qu'on lui fait éprouver, en le faisant
passer par une étuve construite d'après les principes de Duhamel ou d'Intieri (1).

On observe, avec raison, que la farine de blé
étuvé est moins blanche que celle du grain ordinaire, ce que l'on attribue à la vapeur du char-
bon ou plutôt à la torréfaction de l'épiderme;
mais elle donne une égale quantité de pain que
celle du grain non étuvé. On trouve même que
le seigle en reçoit une amélioration sensible;
sa farine acquiert plus de disposition à lever,
et le pain qui en provient perd en grande partie
la saveur âcre et acidule qui lui est propre.

____

(1) L'étuve de Berne est figurée et décrite dans les vo-
lumes de la *Société d'encouragement de Paris*. Année
1823.

En rendant toutefois justice à l'esprit de prévoyance auquel on doit la création de ces greniers
de réserve, je demeure persuadé que le vrai
principe de la conservation des grains réside dans
l'augmentation et la variété de nos produits, dans
la multiplicité et la facilité des moyens de communication, et que c'est dans de sages lois qu'il
faut rechercher les moyens d'éviter les années
de stérilité et les années funestes où la denrée
n'a plus de valeur.

J'aurais prolongé mon séjour dans la ville de
Berne, si je n'eusse été pressé de connaître les
établissemens que M. de Fellenberg a fondés à
Hofwyl. Ce hameau, qui tiendra une si grande
place dans l'histoire de l'agriculture moderne,
n'est qu'à 2 lieues de Berne, près de la route
de Soleure, à 6 lieues du Jura et à 8 ou 9 lieues
de la chaîne des Alpes.

M. de Fellenberg voulut bien dérober quelques heures à ses utiles travaux pour s'entretenir avec moi : je trouvai en lui un homme calme,
profond et vrai.

Quand il parla des obstacles que lui ont opposés
la nature des choses et la volonté des hommes, ce fut
avec toute la modération d'un sage. Sa physiono-
mie ne s'anima que lorsqu'il me rapporta ces paro-
les touchantes que sa mère se plaisait à lui répéter :

Les grands ont assez d'amis, sois celui des pauvres.
Aussi, avant sa vingtième année, agité du désir d'a-
doucir leur sort, il voulut connaître par lui-même et
voir de près les diverses situations de l'homme dans
la société. Il parcourut la Suisse, une grande partie de la France et de l'Allemagne, en séjournant
dans les hameaux sous les habits les plus étrangers
à sa fortune ; il vécut comme les simples villageois,
pour observer leurs mœurs, leurs habitudes, et
étudier les moyens d'améliorer leur condition. Dès
lors il jugea qu'on ne pouvait y réussir qu'en donnant des vertus et de l'instruction aux hommes destinés à la pratique de l'agriculture. Cette pensée
heureuse, d'autres l'ont conçue comme lui, mais
personne ne l'a mieux exécutée. Seule, elle doit
placer le philosophe d'Hofwyl au rang des bienfai-
teurs de l'humanité, au rang des hommes qui
ne font leur bonheur qu'en s'occupant de celui
des autres.

Il ne tarda pas à rechercher dans sa patrie un
domaine où il pût développer le plan qu'il méditait.
Son choix s'arrêta sur la terre d'Hofwyl, placée
près de sept villages qui l'entourent à des distances
presque égales. Elle se composait de 200 poses (1),
dont deux tiers environ de terres arables et un

______

(1) 1 pose de Berne = 34,374 ares.

tiers de prairies arrosées, outre 100 poses de bois
environ, peuplées principalement d'arbres rési-
neux, de hêtres et de chênes. Le terrain varié de
ce domaine devait se prêter à de nombreuses expériences. Dans une partie, c'est la terre végétale
qui domine, dans d'autres sites, c'est un sol pier-
reux et calcaire ; au nord, est une étendue assez
considérable de terrain tourbeux qui aboutit,
par une pente légère, à un petit lac voisin. Les
bâtimens, cours et jardins, situés sur un sol élevé, en rendent l'exploitation d'autant plus com-
mode, que M. de Fellenberg a fait construire au
dessus de son habitation une tour du haut de laquelle on embrasse toute la dépendance d'Hofwyl.
Un porte-voix et une lunette le transportent, en
un instant, au milieu des gens de la ferme, qui se
croient aperçus à tous les momens du travail.
(Voy. *Pl.* Ire.)

Tel est ce coin de terre auquel M. de Fellenberg a donné tant de célébrité, en y fondant, en
1799, son école des pauvres, à l'imitation de laquelle on en a établi d'autres dans les cantons de
Zurich, de Bâle, de Soleure, de Genève et dans
celui de Glaris sur un sol provenant du dessèche-
ment des marais de la Linth.

Le nombre des enfans que M. de Fellenberg
admet dans son école rurale est d'une centaine.

Il les reçoit depuis l'âge de cinq ans, avec l'en-
gagement des parens de ne les retirer qu'à vingt
et un ans accomplis, en sorte que la valeur de
leur travail, dans les six dernières années, appré-
ciée au taux le plus bas, excède leurs dépenses
au point de couvrir toutes celles qu'on a faites
pour eux dans les années antérieures.

Placés sous la tutelle particulière du bon et estimable Werly, ils considèrent ce vertueux maître
comme leur meilleur ami : celui-ci ne régente pas,
il est presque leur égal sans paraître jamais leur
supérieur; il est toujours avec ses élèves, il vit
avec eux et comme eux; il se nourrit, s'habille et
s'occupe de même; il bêche, fauche, scie et tricote
avec eux, et s'il arrive qu'il se trouve sur quelques
points au terme de ses connaissances, il a recours
à **M.** de Fellenberg, ou il leur apprend à ignorer
lorsqu'il ne juge pas utile d'aller plus loin.

« Et c'est par la raison, de bonne heure enseignée,
    » Que leur ame acquiert tout son prix.
» L'ame, comme la terre, a besoin de culture;
» On ne moissonne point que l'on n'ait labouré (1). »

Indépendamment des travaux manuels auxquels on les exerce autant que leurs forces peu-

---

(1) Extrait d'un poëme inédit de François de Neuf-
château.

vent le permettre, on leur enseigne à lire, à écrire,
à calculer ; on leur donne des notions de botanique et de chimie applicables à l'agriculture ;
quelques élémens de géométrie pour mesurer un
terrain et le niveler, ou pour évaluer, dans le dé-
blai d'une terre, le nombre de journées qu'on doit
y employer ; on leur fait dessiner d'après nature
des plantes, des outils, des machines ; ils exécu-
tent aussi des reliefs des montagnes de la Suisse ;
ils acquièrent, surtout, les qualités nécessaires
pour être de bons fermiers, d'habiles économes,
des serviteurs fidèles et instruits, et enfin des cultivateurs exempts des préjugés qui retardent les
progrès de l'agriculture. Mais le fondateur d'Hofwyl fait plus encore, il leur fait apprendre un art
mécanique à leur choix, tel que le charronnage,
la menuiserie, la serrurerie et le tissage, ou diverses industries qui puissent les mettre à même
d'employer un temps trop souvent perdu aux épo-
ques où la saison ne permet pas de travailler aux
champs.

L'école des filles pauvres, située dans un bâtiment nouvellement construit, a été instituée sur
le même plan ; destinées à la vie champêtre, leur
instruction ne diffère que par la nature des travaux qui conviennent à leur sexe. M. de Fellenberg en a confié la direction à ses demoiselles,

qui, avec un dévoûement difficile à égaler, se
consacrent à cultiver le cœur et l'intelligence de
ces jeunes villageoises ; elles leur enseignent à
proportionner leurs désirs à leurs moyens et les
dotent toutes des qualités essentielles à leur bonheur.

M. de Fellenberg, si profondément versé
dans la science du bien, après avoir pourvu
à l'éducation des pauvres, ne tarda point à ré-
fléchir que les sociétés humaines ne sont véri-
tablement fortes que lorsque les classes supérieures s'appuient sur la réalité d'une supériorité morale, et que l'éducation du peuple ne pré-
senterait que l'image d'un troupeau sans guide,
si l'on ne s'attachait aussi à former des chefs
dignes de le diriger ; imbu de ces principes, il
ouvrit aux jeunes gens favorisés de la fortune
un institut d'éducation approprié à ses vues.

Le nombre des élèves y est limité à cent, tandis
que celui des professeurs est de plus de trente,
proportion qui n'a point paru trop grande à M. de
Fellenberg pour procurer à l'éducation publique
quelques uns des avantages de l'éducation pri-
vée. L'institution d'Hofwyl offre dans les lettres,
les sciences, les arts et une gymnastique variée
ce que l'on peut trouver dans une grande ville ;
les écueils ne s'y présentent pas pour étouffer des

semences à peine germées, et les élèves y apprennent à aimer le laboureur. Inspirés par leurs premières impressions, ils mettront plus tard leur bonheur à rendre heureuse une classe utile et trop souvent oubliée.

Après ces renseignemens, que je recueillis dans la conversation de M. de Fellenberg, et dans celle du comte de Villevieille, l'ami et l'auxiliaire de cet homme de bien, je parcourus, tantôt avec Werly, tantôt avec un de ses élèves, les diverses pièces de terre qui constituent le domaine d'Hofwyl. Les prairies naturelles et artificielles, les champs de pommes de terre, de fèves (1), de sarrasin, etc., m'offrirent le tableau d'une agriculture portée à un degré d'avancement supérieur à celui du canton de Berne, qui se distingue lui-même du reste de la Suisse en général. Je m'étais proposé de vous présenter un aperçu de l'ancienne et de la nouvelle culture d'Hofwyl, et de comparer ce que l'on faisait avec ce que l'on y fait à présent, en tenant compte des frais et du rapport actuel de ce domaine; mais je connais

------

(1) Ces fèves, réduites en farine, forment avec celle de l'épeautre un pain très salubre, que l'on donne à manger aux gens de la ferme.

trop l'impuissance où je suis de remplir aussi bien cette tâche que M. Charles Pictet l'a fait dans divers rapports insérés dans la *Bibliothèque britannique,* connus de toutes les personnes adonnées aux sciences. Ses écrits retraceront à votre attention tous les procédés et les travaux agricoles de M. de Fellenberg : vous y verrez que ses essais lui ont fait obtenir des résultats, sinon toujours profitables, au moins toujours capables d'éclairer des points douteux ou difficiles.

Parti des points les plus avancés de l'art d'assoler les terres, il a combiné ce que l'expérience a montré de plus utile dans la culture de certaines contrées, avec les exemples que lui fournissait la pratique des meilleurs agriculteurs suisses. Il fallait défoncer le sol à plus de profondeur qu'on ne l'avait fait avant lui; il fallait profiter avec habileté des eaux dont on pouvait disposer; il fallait faire usage des machines propres à épargner le temps, les bras, la semence, sans affaiblir le produit des récoltes; il fallait enfin apporter autant de souplesse dans le choix des moyens que de persévérance dans leur emploi; il le fallait, il le fit.

J'écarte, avec d'autant plus de raison, les détails que j'ai recueillis sur les assolemens d'Hofwyl, que ceux-ci ne me paraissent point applica-

bles à notre agriculture : tant il est vrai que, malgré toutes les bonnes théories, le système des
rotations doit être fondé partout sur des considé-
rations locales, telles que la nature du climat et
celle du sol, le prix des denrées et le débouché
que fournit la consommation voisine !

Il serait aussi trop long, dans cette simple es-
quisse, de décrire toutes les machines dont M. de
Fellenberg est l'auteur, ou dont il a introduit l'u-
sage : elles sont d'ailleurs assez connues. Je me
contente d'exposer à votre attention celles dont
cet agronome a bien voulu me procurer les modèles, parce qu'elles sont les plus propres à être
adoptées dans notre économie rurale.

Ces machines sont les suivantes :

1°. L'*extirpateur*. Cet instrument, au lieu de
sept socs que vous remarquez dans le modèle que
j'expose ici, en a neuf, onze, et jusqu'à treize ;
ils sont en fer coulé et se trouvent recouverts de
deux ailes en lames de fer battu. Ces socs, placés sur deux lignes, sont disposés de manière
que les uns remuent les parties du sol que les
autres n'ont point entamées. On adapte l'instrument à un avant-train de charrue, et on y attèle
deux, quatre ou six chevaux, selon la nature du
terrain et la profondeur à laquelle on veut at-
teindre. Il contribue singulièrement à ameublir la

terre, à détruire les mauvaises herbes et à unir la surface des champs. Au lieu de ces socs, M. de Fellenberg place quelquefois dans la même monture des dents pointues, qui présentent moins de résistance et dont l'action suffit lorsque la terre n'a besoin que d'être remuée.

2°. Le *butoir*. Cet instrument sert à chausser ou buter les pommes de terre, les choux, les fèves, et pourrait être appliqué chez nous à la culture du maïs ; il a la forme d'une charrue à deux oreilles recouvertes en fer, qui peuvent se resserrer ou s'écarter à volonté. Il marche sur la pointe du soc, et repose au bout de la perche sur une petite roue.

3°. La *houe à cheval*, proprement dite, a un nombre variable de socs avec une roue par devant et deux manches par derrière. Il y a plusieurs années que j'ai introduit cette machine dans notre agriculture, et déjà plusieurs propriétaires en ont adopté l'usage. L'expérience que j'en ai faite, dans un champ de maïs, m'a démontré qu'il est peu d'instrumens dont l'application soit plus avantageuse à nos travaux rustiques.

4°. Le *sillonneur*. Cet instrument ne diffère de l'extirpateur qu'en ce qu'il n'a qu'une seule ligne de petits socs, au nombre de six. On l'emploie principalement à tracer des raies profondes pour semer en lignes. Il me paraît moins utile que l'extirpateur, quoiqu'il demande moins de force et suppose un terrain meuble et sans pierres.

5°. Un *fer à déraciner*. Il consiste en une fourche de fer légèrement courbée, à deux dents très rapprochées, de la longueur de 18 pouces. Au moyen d'une douille garnie d'un long manche en bois et d'un hoche-pied, on s'en sert comme d'une bêche. Cet instrument, dont j'ai vu faire usage avec beaucoup de succès, mériterait d'être introduit chez nous.

J'aurais dû commencer par décrire la charrue que l'on emploie à Hofwyl, comme le fondement de tous les travaux champêtres; mais M. de Fellenberg, après avoir essayé pendant long-temps la charrue écossaise, a donné la préférence à la charrue d'Argovie, usitée dans tout le canton de Berne et dont je vous ai fait connaître plus haut la construction.

Le *semoir à blé* de M. de Fellenberg est trop composé et revient à 1,500 francs environ; outre ce double inconvénient, il me paraît avoir celui de semer en lignes trop étroites pour admettre le sarclage, principal but de cette méthode. Il sème peut-être trop clair pour étouffer les mauvaises herbes, et pas assez pour admettre les instrumens qui servent à les détruire.

Il n'en est pas de même du *semoir à graines rondes,* dont cet agronome se sert pour le colza, les raves, etc. Il est à peu près le même que celui dont la Classe d'agriculture de Genève m'a fait don, et que je vous ai fait connaître ailleurs.

Pour ensemencer la graine de trèfle, M. de Fellenberg m'a montré un semoir, composé d'un cylindre de 4 pieds de long et pourvu de seize capsules, dont chacune a une ouverture que l'on ferme avec un bouchon, et par laquelle on introduit la semence. Celle-ci sort par des trous pratiqués comme dans le semoir à graines rondes. Ce cylindre est monté sur deux roues qui le tiennent à 7 ou 8 pouces du sol.

M. de Fellenberg, après les semailles ou après le travail de la herse, est dans l'usage d'affermir le sol ou de briser les mottes, au moyen d'un rouleau en pierre tournant à l'extrémité d'un brancard qu'on fait traîner par des chevaux ; il emploie aussi des rouleaux de bois dur et pesant, traversés par un cylindre de fer comme ceux dont se servent les agriculteurs suisses.

Je ne m'engagerai pas dans des détails qui me conduiraient trop loin sur l'architecture des étables, des granges et des laiteries, ni sur la tenue des bestiaux. J'ajouterai, en passant, un seul mot sur la préparation des engrais. L'emplacement que les meules de fumier occupent est disposé de manière que le centre est de 3 ou 4 pieds plus bas que la circonférence ; plusieurs rigoles y rassemblent la partie liquide, laquelle est reversée, à l'aide d'une pompe, sur la meule de fumier, dont la fermentation peut être, par là, accélérée ou ralentie à volonté. Les fosses destinées aux engrais liquides sont garnies de planches fort épaisses, revêtues d'argile par derrière, ou faites en blocs de grès, qui sont employés dans le pays comme pierres à bâtir.

Enfin, je terminerai par deux observations : si j'étais appelé à donner mon opinion, je dirais que la ferme d'Hofwyl ressemble à une manufacture proprement dite, par le soin qu'on a pris d'y introduire et d'y appliquer, avec autant d'intelligence que de succès, le principe si fécond de la division du travail ; la seconde observation, trop sévère peut-être, c'est que l'agriculture est si avancée dans le canton de Berne, que l'établissement agricole de M. de Fellenberg eût été plus utile et mieux placé dans une autre contrée.

Lorsque j'eus fait mes adieux à tout Hofwyl, accompagné par un jeune catholique, de l'école des pauvres, je me dirigeai sur la montagne de Maykirken, qui n'est qu'à 1 ou 2 lieues de dis-

tance. (Voyez la *Planche* IIe.) Là, M. de Fellenberg, cet homme doué d'un génie inépuisable
pour faire le bien , a fondé une colonie de douze
enfans, âgés de onze à quinze ans, qu'il nomme
affectueusement ses *petits Robinsons*. Ils sont di-
rigés par Pliffer, jeune paysan du canton de Glaris, qui paraît être, tout à la fois, leur père, leur
frère et leur camarade. Quelques outils d'agriculture, une vache, deux chèvres et deux cochons, forment toute la richesse de cette jeune
colonie. Établis, au mois d'avril 1826, sur une
pente inculte de cette montagne, où ils ne trou-
vèrent d'autre abri qu'une chétive cabane, pro-
tégée contre l'éboulement des neiges par une
vieille forêt de sapins , ils ont fait des briques, les
ont mises à sécher au soleil et ont agrandi leur habitation avec ces matériaux. L'écorce de quelques
vieux arbres leur a servi à couvrir leur édifice, qui
se compose déjà d'une galerie ; d'une chambre de
réunion et de travail, décorée du portrait de M. de
Fellenberg ; d'une cuisine dont l'étendue est proportionnée à leur frugalité ; d'un dortoir garni
d'un lit de camp, qui occupe plus de 20 pieds de
long ; d'une étable dont la proximité contribue
à les réchauffer pendant la nuit, et d'une loge
destinée à leurs cochons. A la droite du bâtiment, on voit une aire couverte pour le battage

des céréales ou l'entrepôt des récoltes, et à la gauche, un petit atelier. Les deux murs latéraux sont consolidés par une levée de terre qui étaie leur demeure de part et d'autre. Les eaux pluviales sont dirigées du toit de leur maison sur une meule de fumier qu'ils ont formée au couchant. Une fosse carrée, dont une moitié, à l'aide de quelques planches, se trouve couverte par cette meule, sert de réservoir à la portion liquide qui en découle; mais cet engrais n'est pas le seul trésor qu'ils cherchent à grossir : ils ont aussi fait un compost avec des couches alternatives de fumier et de terre. Ce mélange leur sert, tout à la fois, à fertiliser le sol qu'ils défrichent, et à cultiver sur la meule elle-même des calebasses ou des citrouilles.

Non loin de là se trouve un rucher, composé de quatre ruches en paille placées au milieu d'eux comme pour leur donner l'exemple de l'harmonie, de l'ordre et de l'activité qui doivent assurer le succès de leurs travaux. En arrivant dans cette colonie, au berceau, j'aurais pu croire au contraire qu'eux-mêmes servaient d'exemple aux abeilles : chacun remplissait sa tâche à l'envi; l'un déracinait une souche de sapin; l'autre détachait les branches d'un vieux chêne, un troisième en enlevait le feuillage : celui-ci étendait la feuille pour

la faire sécher et la réserver à la nourriture du bétail en hiver; celui-là faisait la cueillette des fèves ; le plus âgé lavait le linge de la communauté
à une source voisine qui sert de limites à leur territoire ; plusieurs s'occupaient à buter les pommes
de terre que l'orage de la veille avait déchaussées ;
enfin le plus jeune d'entre eux se dépouillait de sa
chemise pour en revêtir une gerbe de paille qu'il
affubla d'un chapeau noir, afin d'effrayer une multitude de passereaux qui vivaient à leurs dépens.
Outre la pomme de terre, qu'ils regardent comme
leur meilleure ressource, ils cultivent des turneps,
des haricots, des choux rouges, qu'ils font croître
sur une plate-bande bordée de maïs à grains
blancs. Ils venaient de former une petite luzer-
nière et mettaient leurs soins à bonifier un ché-
tif pâturage d'herbes alpines. Dans peu d'années, ils cueilleront des cerises et des pommes sur
des arbres que M. de Fellenberg leur a envoyés.

Pendant la morte-saison, ils s'occupent aussi
à tricoter, à faire des chapeaux de paille, des
paniers, des souliers et des sabots ; à tisser du
chanvre que la métropole leur envoie, et à ré-
parer les instrumens et les outils. Dans les intervalles du travail, ils lisent, tour à tour, la
Bible, les *Principes d'agriculture de Thaër*, et
les *Aventures de Robinson Crusoë*, qu'ils prennent
pour une relation exacte d'un voyageur véridique.

Enfin leurs frères d'Hofwyl viennent parfois les surprendre aux sons de la flûte et du hautbois; ils se racontent leurs efforts et leurs succès : ils se consultent sur leurs travaux et chantent des hymnes religieux en contemplant l'œuvre de la création dans la chaîne des Alpes qui les environne.

Je ne chercherai point ici à développer les avantages que l'agriculture, les mœurs et la condition humaine peuvent retirer des institutions de M. de Fellenberg, il suffit de les avoir signalés à votre attention, pour que vos cœurs s'unissent au vœu que je forme, afin que notre Gouvernement, qui a pour maxime que l'État le plus riche n'est pas toujours celui qui fait le plus d'épargnes, mais celui dont les dépenses tendent à l'augmentation des richesses, établisse, à son tour, des écoles destinées à l'instruction rurale des classes pauvres. Les États du Roi renferment aussi des terres incultes sur lesquelles on pourrait offrir un asile et des ressources à un grand nombre d'hommes qui pèsent sur la société ou deviennent pour elle un objet d'inquiétude; et les plaines désertes de la *Stura*, en faveur desquelles votre honorable président (1) a invoqué

---

(1) M. le marquis de Lascaris, l'un des hommes qui font le plus pour la prospérité agricole du Piémont.

les lumières des agronomes piémontais, ne servi-
raient-elles pas à créer des colonies sur le plan
de celle que j'ai visitée, ou sur le modèle des
établissemens agricoles que possèdent les Pays-
Bas, la Prusse et le Danemarck? Avec de pareilles
institutions, les vagabonds et les pauvres devien-
draient propriétaires, et l'État acquerrait des
habitans capables de gagner leur vie et de payer
les impôts, au lieu d'usurper les secours que l'on
doit seulement à la véritable indigence!

M. de Fellenberg m'avait recommandé de ne
point quitter la Suisse sans faire une excursion
dans les contrées alpestres de l'Oberland. Je
me dirigeai vers la ville de Thun, au sud-est
de Berne, et là, je m'embarquai sur un lac de
5 lieues de longueur, à l'extrémité duquel j'a-
bordai dans la vallée d'Unterseen, située entre
ce lac et celui de Brientz. Les habitans, à l'aspect
des monts gigantesques qui les avoisinent, ou-
blient qu'ils sont eux-mêmes sur la montagne
et que le fond de leur vallée est à 2,000 pieds
au dessus du niveau des mers. Cette partie de
l'Oberland bernois, remarquable par sa situa-
tion, l'est aussi par la douceur de son climat et
la fertilité de son sol. Nulle part je n'avais vu
d'aussi beaux noyers que ceux qui ombragent
une partie de la plaine; ils ont jusqu'à 18 pieds

de tour, et fournissent 40 à 50 toises de bois.

Je fis à Unterseen la connaissance d'un homme fort distingué dans l'économie rurale et forestière, M. Kasthofer, régisseur des forêts de l'État.

Cet agronome recherche la solution d'un problème difficile à résoudre, celui de concilier l'entretien des chèvres avec la conservation des bois. Les moyens qu'il propose seraient d'accorder aux alpicoles quelques portions de terre pour être mises en pâturages; de former des taillis sur les pentes dont l'inclinaison permet difficilement d'autres cultures, et de les élaguer en automne pour faire des ramées, qui serviraient à la nourriture des animaux en hiver. Ce système exigerait, par conséquent, qu'on eût des pâturages et des bois taillis en nombre convenable et aménagés de manière que les chèvres eussent, chaque année, une pâture de leur goût, dans la belle saison, et de la feuille sèche pendant la mauvaise.

Mais non content de pouvoir assurer l'entretien de plus de quinze mille chèvres qui existent dans le canton de Berne, M. Kasthofer a cru utile d'y multiplier les chèvres du Thibet, à l'aide d'un petit troupeau provenant en partie d'un bouc et d'une chèvre de race pure, que j'avais donnés au canton de Genève il y a quelques années. Il n'a pas seulement obtenu de beaux métis par l'al-

liance de la race indigène avec celle du Thibet,
il a fait croiser celle-ci avec le bouquetin (*capra
ibex*) et le chamois (*antilope rupicapra*), espèces
indigènes aux Alpes. Malheureusement, il n'a
encore eu que des métis mâles, qui montrent un
commencement de duvet, dont on espère des résultats au moins curieux, s'ils ne sont utiles.

M. Kasthofer a formé aussi le dessein d'ajou-
ter plus de valeur aux forêts, en en variant les es-
sences, en espaçant assez les arbres selon les localités pour établir dans leurs intervalles des cultures
artificielles, et même en faisant grimper sur les
jeunes troncs des plantes légumineuses propres
à la nourriture des hommes ; mais il voudrait que,
pour aider l'exécution de son projet, l'on fondât
sur les Alpes des colonies de pauvres. Selon les
calculs de cet économiste, une colonie de cinquante familles, chacune de cinq membres, au
bout de dix à quinze ans, ne coûterait plus rien,
et paierait les intérêts du capital qu'on lui aurait
avancé ; cette voie serait plus sûre et moins dis-
pendieuse que l'établissement et la dotation des
hospices, qu'il regarde comme un asile ouvert
souvent au vice ou à l'oisiveté.

Il me conduisit dans une petite forêt voisine
d'Interlaken, où il se livre à des expériences sur
la naturalisation de quelques arbres. J'y remar-

quai d'abord le pin de lord Weymouth (*pinus Strobus*, L.), dont la hauteur surpassait la cime des autres conifères semés ou plantés à la même époque. Mon attention s'arrêta sur le *pinus Cembro*, L., espèce de pin à feuilles longues réunies par cinq comme celles du précédent et glauques en dessous; il a été greffé avec succès sur cette première espèce, dans le but de lui procurer la même précocité. J'admirai la belle végétation du *pinus Laricio*, Poir., ou pin de Corse; du *cupressus disticha*, L., ou cyprès de la Louisiane, qui se dépouille chaque année de son feuillage; celle du hêtre pourpre à feuilles panachées, etc.

M. Kasthofer propage, dans sa forêt expérimentale, le châtaignier ordinaire, dont la culture est pour ainsi dire ignorée dans toute la vallée. Il se propose, pour multiplier plus tôt cet *arbre à pain* de l'Europe, de suivre un procédé dont M. Ebel, de la Société économique de Berne, lui a assuré l'efficacité. Il suffirait, pour cela, d'enter les rejetons du châtaignier sur les chênes indigènes; la parenté qui existe entre ces deux genres permet de croire en quelque sorte à la réussite de cette greffe : elle sera très avantageuse s'il est vrai que, par ce moyen, le fruit du châtaignier ne contracte aucune amertume.

La douceur du climat, dans cette vallée où le

thermomètre de Réaumur n'est descendu qu'à 8 degrés l'hiver dernier, et s'est élevé à 28 dans le mois d'août de cette année, fait espérer à M. Kasthofer de pouvoir aussi multiplier le mûrier blanc avec plus de succès que les Prussiens et les Irlandais ne peuvent le faire chez eux. Quelques vieux mûriers qui y vivent encore annoncent la possibilité de cultiver cet arbre, que les habitans cessèrent de propager à l'époque où on l'arrachait dans les pays même les plus favorables à sa culture.

La température dont jouit la vallée d'Unterseen donne une forte valeur aux prairies par l'avantage de pouvoir y prolonger le séjour du bétail plus long-temps que dans celles des pays environnans : malgré leur fertilité, le nombre des bêtes à laine y a diminué dans la même proportion que le nombre des chèvres s'est augmenté; cet accroissement provient du souvenir que les habitans conservent de la disette qu'ils éprouvèrent en 1816. Les vallées de l'Oberland, qui possédaient de nombreux troupeaux de chèvres, furent préservées de ce fléau, tandis que les autres ne purent s'en garantir; ils calculent d'ailleurs que trois chèvres donnent autant de lait qu'une vache, et que quatre à cinq de ces aniınaux ne coûtent pas plus à nourrir qu'une bonne laitière.

M. Kasthofer pense pourtant qu'il serait très avantageux d'accroître le nombre du bétail en suivant l'exemple qu'il a donné dans sa ferme d'Abendberg, située à 4,000 pieds au dessus de la mer. Là, cet agronome a fait une heureuse application du système agricole de mon honorable ami, M. Giobert (1); il forme des champs d'avoine que l'on fauche avant l'époque de la floraison pour en faire consommer l'herbe aux bestiaux, et lorsqu'en automne cette graminée a repoussé, on l'enterre à la charrue ou à la houe, ce qui suffit pour préparer le sol à donner l'année suivante une bonne récolte de trèfle. M. Kastofer croit que par ce moyen des milliers d'arpens pourraient fournir à l'existence d'une nombreuse population jusqu'à la hauteur de 5,000 pieds au dessus de la mer. Or, les Alpes de la Suisse, ainsi que les nôtres, possèdent, pour ainsi dire, à cette élévation et même sur les étages inférieurs, un second pays presque inculte et inhabité. Il ajoute, d'après ses expériences, qu'au lieu de faire suc-

____

(1) Voyez son ouvrage intitulé : *del Sovescio.* In-8°., seconde édition. Turin, 1819.

céder le trèfle à l'avoine, on pourrait soumettre à une culture artificielle diverses plantes des montagnes, telles que le *plantago alpina*, L., le *phellandrium mutellina*, L., le *poa alpina*, L., et autres espèces qui influent sensiblement sur la production du lait ou sur la santé des troupeaux.

Le chanvre et le lin entrent aussi dans les ressources agricoles de la vallée d'Unterseen. On y voit prospérer ces deux plantes textiles, ainsi que le navet de Suède, à 3,000 pieds au dessus de la mer, et M. Kasthofer les a vu cultiver dans le pays des Grisons à une élévation de 4,500 pieds. On y préfère la culture du lin à celle du chanvre, parce que ses tiges se redressent plus facilement quand elles sont pliées par la neige ou les intempéries.

L'introduction de la pomme de terre, dans cette partie de la Suisse, devenue en quelque sorte le *pain quotidien* des habitans, remonte à une époque fort ancienne; déjà, en 1730, on plantait à Brientz des p mmes de terre en si grande quantité, qu'on pouvait en fournir aux habitans d'Unterwald; l'expérience avait appris à les couper par tranches, à les faire sécher et à les moudre pour en faire du pain ou de la bouillie.

J'allais pénétrer dans la vallée de Grindel-

wald, remarquable par ses glaciers et ses cas-
cades, lorsqu'un ouragan, parti de la cime du
Niesen, vint troubler l'atmosphère ; le ciel se cou-
vrit de nuages avec une rapidité qu'on ne voit que
dans les pays de montagnes, et bientôt une pluie
froide diminua le charme que je trouvais à er-
rer dans l'Oberland.

Je revins sur mes pas en côtoyant la rive droite
du lac de Thun, au dessus de laquelle on aperçoit encore quelques vignobles, qui forment la
limite où la vigne cesse de prospérer, et de retour
à Berne, je suivis le chemin qui conduit à Fribourg,
au sud-ouest de cette ville.

Dans ce trajet, qui n'est que de sept lieues,
mes yeux s'arrêtèrent tristement sur l'infériorité
de l'agriculture fribourgeoise comparée à celle
des Bernois. On dirait que l'art de préparer les
fumiers, de cultiver les prés artificiels et d'amé-
nager les forêts, si bien connu des cultivateurs
du canton que je venais de parcourir, n'a pu
franchir la Singine, dont les eaux divisent l'état
de Berne de celui de Fribourg. Ici peu d'agriculteurs ont adopté un système d'assolement métho-
dique, et la plupart laissent leur sol en jachère.

Adonnés essentiellement à l'industrie pastorale, la culture du blé y tient un rang très se-
condaire. L'épeautre est préféré, comme dans

tout le canton de Berne, aux autres céréales ; jamais il ne gèle, et la farine qu'il produit est plus blanche que celle du froment ordinaire, mais moins riche en gluten.

Il n'y a pas fort long-temps qu'on s'est mis à cultiver le colza, le navet de Suède et le tabac, qui y réussissent très bien ; cette dernière culture serait surtout plus avantageuse que celle de l'épeautre, si elle n'affamait pas trop le terrain. On doit croire que l'agriculture de ce canton serait plus avancée, si une influence étrangère n'eût altéré l'harmonie qui régnait parmi les membres d'une association toute consacrée aux progrès de l'industrie agricole. Le premier volume des Mémoires de cette Société (1), que M. Wero, l'un des Avoyers de la république, voulut bien me donner, renferme des vues sages sur l'économie rurale, la morale publique et la répression de la mendicité.

Un des bienfaits de cette Société fut d'introduire l'usage trop peu répandu encore de fertiliser les terres par l'emploi des os de boucherie, seuls ou mélangés avec le fumier. A cet effet, on a établi, dans la gorge du Gotteron, au bas de Fribourg, un pilon mécanique, composé de qua-

---

(1) Cet ouvrage, publié en 1816, n'a pas eu de suite.

tre solives verticales, armées de fer à leur base et mues alternativement par une roue à eau. A l'aide de cette machine, on broie et l'on pulvérise en peu de temps une grande quantité d'os. Lorsqu'ils sont assez brisés, on les passe à travers un crible de mégisserie et on les livre ainsi aux cultivateurs. M. Girard, colonel de la Confédération helvétique, et l'un des hommes les plus attachés à la prospérité de son pays, a été le premier à en essayer l'usage sur une échelle assez étendue pour obtenir des résultats concluans.

Ce fut chez cet estimable agronome que je vis les plus belles vaches du canton et probablement de toute la Suisse. Ces vaches fribourgeoises se distinguent de celles du canton de Schwtiz (si estimées dans la Lombardie), par leur poil très rouge, leurs jambes plus hautes, une peau plus épaisse et la queue portée très haut. M. Girard les emploie à la charrue en leur donnant une nourriture plus succulente. La meilleure laitière de son étable fournit quinze mesures ou trente bouteilles de lait par jour.

Je me proposais aussi d'examiner dans les environs de Fribourg la manière d'élever les chevaux; mais j'appris qu'il n'existait point de haras publics ou particuliers; que les cultivateurs nour-

rissaient un ou deux poulains, quelquefois da-
vantage, et rarement plus de cinq ou six ; qu'ils
allaient vendre ces animaux aux foires ou marchés
de Fribourg ; que, pour les encourager à améliorer la race suisse, on avait établi des concours
publics dans lesquels on décernait des primes aux
possesseurs des plus beaux étalons. Il en est de
même pour les taureaux, qui à la régularité des
formes joignent une constitution vigoureuse.

Au reste, l'habileté des Fribourgeois ne consiste pas seulement à élever des animaux domestiques ; ils savent préparer des fromages qui
ont une réputation universelle, et leurs jeunes
paysannes se distinguent particulièrement dans
l'art de tresser la paille pour en faire des nattes
ou des chapeaux recherchés dans toute la Suisse.
Pour voir exercer ces deux industries, c'est à
Gruyères même que je dus faire une excursion.

La petite ville, de ce nom, n'est distante de
Fribourg que d'environ 6 lieues, et sa position
alpestre, sur la pente d'une montagne couverte
de pâturages, lui donne un aspect tout à la fois
riant et sublime. J'y trouvai un excellent guide
dans la personne de M. Murrith, dont l'urba-
nité ne s'effacera point de mon souvenir. Il m'ac-
compagna chez une tresseuse de paille des plus
habiles ; aussitôt celle-ci mit la main à l'ouvrage

et me fournit quelques renseignemens sur les procédés de fabrication. La première opération consiste, lorsque la température est très sèche, à
couper l'épi du froment dont la tige est parfaitement nette et d'un calibre convenable; peu de
jours après, on fauche le chaume à sa base et on
l'étend au soleil. On coupe près des articulations
les deux entre-nœuds supérieurs; on divise ces
brins de paille dans le sens de leur longueur avec
un poinçon d'acier recourbé et garni, à 7 à 8 lignes
de la pointe, de cinq ou six lames verticales, disposées en rayons. Lorsqu'à l'aide de cet instrument on a réduit une certaine quantité de brins
de paille en petites lanières parfaitement unifor-
mes, on les fait passer entre deux cylindres de
bois, qui s'écartent ou se rapprochent plus ou
moins au moyen d'une vis de pression. Après avoir
aplati la paille avec le *lissoir* (c'est le nom que
porte cette machine), l'ouvrière prend ces petits
rubans, toujours en nombre impair de sept à
vingt et un et jusqu'à vingt-neuf; elle les
trempe légèrement dans un vase rempli d'eau,
les raccorde avec le plus grand soin, et les entre-
lace en faisant paraître en dehors la surface inté-
rieure du chaume toujours plus blanche que l'ex-
térieure. Ces nattes ou tresses, dont on varie les
dessins en combinant les brins de diverses ma-

nières, sont mesurées sur une planchette de la longueur d'une demi-aune (mesure du pays). On en forme des liasses de douze tours qu'on livre ainsi aux fabricans de chapeaux. Ceux-ci retranchent la partie des brins de paille qui déborde, passent ces tresses au *lissoir*, et les font assembler de manière à ne pas laisser paraître les points de couture qui les unissent. L'ouvrière la plus habile ne peut en faire qu'une liasse à la journée ; ce travail sédentaire est pénible pour les jeunes filles qui s'y consacrent, outre l'inconvénient, qu'elles ne peuvent éviter, d'avoir toujours les doigts humides, pour que la paille ait toute la souplesse et toute la flexibilité nécessaires.

Ordinairement le blé de mars est le seul qu'on emploie à cette fabrication en choisissant celui qui croît dans des terres sèches et arides. Il ne paraît pas d'ailleurs que l'on ensemence du blé dans le seul but d'en récolter les chaumes, comme cela se pratique en Toscane, où on le coupe avant la maturité.

Le lendemain de mon arrivée à Gruyères, M. Murrith me conduisit sur le versant du Molesson (1) en me faisant traverser une métairie, fort

---

(1) Le sommet de cette montagne est à 6,181 pieds au dessus du niveau de la mer.

bien tenue, qu'il possède près de la route : les bâtimens qui la composent méritent d'être observés;
construits en bois de sapin, en 1568, l'état de
conservation dans lequel ils se trouvent aujour-
d'hui atteste à quel point la substance de cet
arbre est durable, lorsqu'il n'est pas exposé à une
température trop humide.

La gentiane (*gentiana lutea*, L.), que je trouvai en abondance sur la montagne, est l'objet
d'une loi qui ne permet qu'aux propriétaires du
fonds d'en enlever les racines. Elle est fondée
sur le profit qu'ils retirent de cette plante rebutée
d'ailleurs par les bestiaux. Ils les récoltent soi-
gneusement, les font macérer dans l'eau à une
haute température, et, lorsqu'elles ont éprouvé
la fermentation alcoolique, ils en retirent, par
double distillation, une eau-de-vie à 20 degrés
qui participe à peine de l'amertume naturelle de
la gentiane. Le prix de cette liqueur est plus
élevé que celui de l'eau-de-vie commune. Les
habitans en font usage comme d'une boisson to-
nique et agréable.

Les alpes du canton de Fribourg, auquel le
pays de Gruyères appartient, sont de nature dif-
férente. Les premières, appelées *Hautes-Alpes*,
sont assises sur des rochers calcaires; elles sont
en général plus élevées, bornent l'horizon au

sud, et se distinguent de la première lisière par l'âpreté du sol et les pics sans végétation qui les couronnent. Sur les flancs, on aperçoit des brins d'herbes qui se glissent entre les joints inégaux d'énormes amas de cailloux, lesquels, en réfractant les rayons du soleil, réchauffent la terre et favorisent la germination. Tel est le sol privilégié où se préparent les meilleurs fromages, et l'on croit communément que c'est l'influence végétative de la roche calcaire, réunie à l'élasticité de l'air, qui donne aux fromages de ces régions leur saveur et leur délicatesse.

La roche calcaire commence aux environs de la Chartreuse de la *Part - Dieu,* parcourt une courbe horizontale et embrasse les flancs des montagnes jusqu'à la dent de Jaman, située aux limites du canton de Fribourg et du pays de Vaud ; elle se prolonge, de là, au midi vers Château-d'Oez, et suit, au levant, les chaînes des Alpes depuis la Tinna jusqu'au Lac-Noir.

D'autres montagnes disputent aux Hautes-Alpes quelques avantages ; elles le doivent aux soins de la manipulation et aux demandes multipliées du commerce. Le sol de celles-ci se compose de grès plus ou moins compacte, d'argile et de schistes alumineux ; elles s'étendent de Châtel-Saint-Denis à Gruyères et de Brox à

Planfayon. Le terrain y est souvent rempli de tourbe et de marécages.

Les prairies alpestres de cette partie de la Suisse peuvent se diviser en trois classes :

1°. Les prairies proprement dites, dont on fauche l'herbe chaque fois qu'elle a acquis la maturité nécessaire ;

2°. Les pâturages, dont l'herbe est consommée sur place ;

3°. Les prairies mixtes, dont la première pousse est livrée à la pâture, la seconde récoltée pour la nourriture hivernale des bestiaux, et la troisième broutée sur les lieux. Mais quelles sont les plantes qui rendent ces prairies si adaptées aux vaches laitières? Le temps que j'ai employé à visiter les montagnes m'a seulement permis d'en apercevoir quelques unes dont les bestiaux paraissent fort avides : tels sont la livèche pourprée (*phellandrium mutellina*, L.), l'épervière dorée (*hieracium aureum*, WILLD.), l'alchemille argentée (*alchemilla alpina*, L.), l'alchemille commune ou pied-de-lion (*alchemilla vulgaris*, L.), le plantain des Alpes (*plantago alpina*, L.), la renouée vivipare (*polygonum viviparum*, L.), la bistorte (*polygonum bistorta*, L.), le trèfle châtain (*trifolium badium*, SCHREB.); quelques autres plantes du même genre, et plusieurs espèces de paturins , de fétuques et autres graminées.

Dans les vallées inférieures, les pâturages, composés de plantes moins aromatiques et de quelques légumineuses, telles que le sainfoin, le trèfle, la luzerne et la vesce, que l'on cultive avec soin, donnent un produit plus considérable, mais influent moins avantageusement sur la qualité du lait. Dans ces localités, on a établi des fruitières, où chaque cultivateur apporte le lait de ses vaches, et le fromage qu'on en retire se partage à proportion de la mise que chacun a faite (1). Les fromages qui en proviennent, quoique moins réputés, entrent en concurrence avec ceux des Alpes, principalement depuis que les agriculteurs ont substitué, dans beaucoup d'endroits, la culture de la vesce (*vicia sativa*, L.) à celle du trèfle, que l'on accuse de donner au lait de l'âpreté. On doit présumer que chaque particulier, n'ayant qu'un petit nombre de vaches, peut en prendre un plus grand soin, et obtenir par là un lait d'aussi bonne qualité.

____

(1) Voyez, à ce sujet, l'ouvrage de M. Charles Lullin, intitulé : *Des Associations rurales pour la fabrication du lait, connues en Suisse sous le nom de* fruitières. In-8°., 1821. Paris et Genève, chez Paschoud et chez Mme. Huzard.

Dans ces établissemens, on peut diviser le travail et assujettir la préparation des fromages à des règles fixes; tandis que, dans les chalets des Alpes, aucun système de manipulation ne peut être régulièrement suivi; le tact et le coup-d'œil des fruitiers, formés par une expérience journalière, peuvent seuls y suppléer : aussi les procédés nécessaires à la bonne confection des fromages sont assez difficiles à développer. Je vais cependant les détailler tels que je les ai vu pratiquer dans un des chalets situés au milieu des pâturages du Molesson, l'un des sites les plus renommés du pays de Gruyères par la qualité de ses produits.

L'extérieur de ces chalets ou fromageries présente un toit en bardeaux assujettis à la sablière par des chevilles de bois, et surchargés de quelques blocs de pierre pour les faire résister à la violence des vents. Sous ce toit, qui n'a point de cheminée, s'élèvent quatre parois en solives disposées transversalement, et assez mal assemblées, pour que l'air se renouvelle, et que la fumée trouve une issue lorsque la porte est close.

Sur le devant du bâtiment, le toit avance de six à dix pieds, et repose sur deux piliers de bois; ce qui forme une espèce de galerie ou péristyle, terminé par deux portes à claire-voie, et fermé, sur le devant, à un tiers de son élévation, par un lambris d'ais épais, qui donne assez d'espace pour laisser pénétrer le jour. Quelquefois, ce péristyle est ouvert de toutes parts, et l'on entre directement par la porte, située vers le milieu. C'est sous cet abri que l'on trait les vaches lorsqu'il fait mauvais temps.

D'autres chalets ont, du côté opposé, une étable plus ou moins spacieuse, avec deux portes latérales qui servent au passage des bestiaux et à la libre circulation de l'air. On y introduit, lorsque la localité le permet, un ruisseau, dirigé de manière à y entretenir la propreté convenable. L'intérieur du chalet ne forme souvent qu'une seule chambre, qui, d'ordinaire, n'est point pavée. La couche des fruitiers est disposée dans un espace fort étroit, et entourée d'une cloison au dessus de la galerie.

Dans la partie inférieure, on distingue, en premier lieu, le foyer au centre ou à l'extrémité ; il est ordinairement à plain-pied ou creusé à très peu de profondeur, et entouré de pierres rangées circulairement, qui ne laissent qu'un intervalle au devant pour mettre le bois. A l'extrémité du foyer, s'élève une poutre mobile, traversée en haut par une autre plus petite, à laquelle on suspend la chaudière dans laquelle on fait le fromage. Dans un des angles, se trouve la presse en bois destinée à le dépouiller de sa sérosité, et tout autour règnent des rayons en planches, sur lesquels on entrepose les baquets et les autres ustensiles employés à la fabrication. On se sert pour siéges de gros troncs d'arbres ou de petites escabelles rondes portées sur un seul pied, terminé en une pointe armée de fer.

Lorsque le fruitier trait ses vaches, il se sert de ces escabelles, qui, au moyen d'une courroie, s'attachent à la ceinture. Un seul homme peut traire trente vaches par jour, quinze le matin et autant le soir.

Aussitôt qu'une traite est faite, on débarrasse le lait des immondices qui peuvent s'y trouver mêlées, en le faisant passer par un couloir en bois de forme conique, dont l'orifice inférieur est bouché avec des feuilles de sapin. Le lait, en sortant de ce couloir, soutenu par un cadre de bois, tombe dans de grands baquets circulaires qu'on a bien lavés auparavant; un vaisseau qui aurait contracté quelque âcreté altérerait toute la traite. On réunit le lait des deux traites en le versant dans une grande chaudière en cuivre battu, suspendue au bras de la poutre tournante, à l'aide de laquelle on peut l'amener sur le foyer ou l'éloigner à volonté. La quantité de lait nécessaire à la formation d'un fromage n'est point toujours la même ; elle dépend de la qualité des herbages et de la complexion des animaux qui sécrètent un lait plus ou moins riche ; mais on calcule , par approximation , qu'il faut cent vingt pots de lait (1) pour produire un fromage de cinquante livres (poids de dix-sept onces).

Lorsque le fruitier a reconnu, en plongeant le bras dans la chaudière , que le lait a acquis la chaleur convenable (que je jugeai d'environ vingt-cinq degrés de Réaumur), il détourne la chaudière du feu , essaie la force de la présure sur une petite quantité de lait chaud ; il en met ensuite dans une grande cuiller en bois la dose qu'il croit nécessaire pour précipiter son lait , et il promène celle-ci dans toute la chaudière pour disperser la présure également.

Il y a différentes manières de préparer la présure : cette substance n'est autre chose que la portion de lait caillé qu'on trouve dans la caillette ou le quatrième estomac des veaux encore à la mamelle. Les uns ouvrent ce corps membraneux, y introduisent du sel en petite quantité, et le déposent dans un vaisseau de bois rempli de petit-lait. Les autres coupent la caillette en

---

(1) Un pot équivaut à 1^{litre},563.

morceaux, la saupoudrent de sel et la mettent dans un vase quelconque plein d'eau. Quelques fruitiers, après avoir ouvert l'estomac du jeune animal, en détachent les grumeaux, les lavent, les salent, et les remettent dans la membrane d'où ils sont extraits ; ils suspendent cette poche dans un lieu sec, et lorsqu'ils veulent employer la présure, ils en délaient dans du lait la quantité dont ils ont besoin. Mais si la préparation de la caillette n'est pas difficile, son emploi demande une longue habitude ; elle est plus ou moins riche en principe coagulant, et son effet est soumis à la température de l'atmosphère, qui, selon qu'elle est chaude ou froide, facilite plus ou moins sa dissolution. L'excès de présure donne au fromage une saveur désagréable, et l'habileté du fruitier consiste à l'épargner autant que possible.

La coagulation du lait s'opéra sous mes yeux, en douze minutes ; aussitôt le fruitier agita le caillé avec le brassoir, espèce de moulinet fait avec un bâton de bois écorcé, garni de dix à douze chevilles qui le traversent dans son extrémité inférieure ; tandis que, de son autre bras, il imprimait au liquide un mouvement moins rapide qui réduisit le caillé en grains jaunâtres, que l'on sent crier sous la dent lorsqu'on les mâche.

Il ramena la chaudière sur le feu en continuant à brasser la matière caséeuse , et la température fut sensiblement élevée jusqu'à ce que toute la masse eût atteint le degré de coagulation convenable. Il fallut à peu près une demi-heure pour arriver à ce terme, où la chaleur me parut être d'environ trente-cinq degrés. Parvenue à ce point, on éloigna la chaudière du feu sans discontinuer de brasser la masse pendant douze à quinze minutes. La matière se précipite au fond de la chaudière, on la rassemble avec les mains, et l'on introduit au dessous de toute la masse, dans la chaudière même, une toile que deux hommes tiennent par les quatre coins. Ceux-ci soulèvent la pâte et la font entrer, avec cette enveloppe, dans le moule , où elle doit recevoir la forme et le volume sous lesquels on connaît le fromage de Gruyères.

Ce moule est une planche de sapin d'environ cinq lignes d'épaisseur, large de cinq à six pouces et longue de cinq pieds, contournée en cercle, et dont on peut, à volonté, agrandir ou diminuer le diamètre, ses extrémités n'étant point fixées l'une à l'autre. Deux plateaux, ou disques de bois, dont le diamètre dépasse un peu celui du cercle, le recouvrent de part et d'autre. On place ce moule sur une table inclinée, pour que la pâte s'égoutte insensiblement; à l'aide d'une presse à levier que l'on fait agir fortement sur le plateau, on exerce une pression progressive. Demi-heure après, on relâche la presse, on détend le cercle, on retourne la pâte, qui reçoit alors le nom de fromage; on le met dans une nouvelle toile et on le replace ainsi dans le même moule ; on resserre le cercle d'autant que le fromage s'est rétréci, on abat la presse dessus et l'on répète cette manœuvre pendant plusieurs heures, jusqu'à ce que le fromage soit dépouillé de son petit-lait, et qu'il soit parvenu au degré de fermeté et d'affaissement nécessaire.

On transporte le fromage, sous cette forme, dans le grenier, nom sous lequel on désigne le local où l'on procède à la salaison. On peut dire que ce grenier, ou chambre à fromages, sert de boussole aux opérations du fruitier. Selon que ce local est sec ou humide, exposé au nord ou aux ardeurs du soleil, étouffé ou aéré, le procédé de la salaison varie, ainsi que la durée du temps nécessaire à la parfaite confection du fromage.

Le grenier consiste dans un bâtiment recouvert en bardeaux et formé de quatre parois en solives transversales parfaitement jointes. Il est quelquefois séparé du sol au moyen d'un plancher soutenu par quatre piliers en bois de trois pieds en-

viron de hauteur, pour empêcher les eaux pluviales ou les souris de s'y introduire. Ce plancher,
débordant de deux pieds à peu près, présente, à
l'entrée du grenier, une longue plate-forme,
sur laquelle on monte par une échelle mobile.
Son intérieur n'a qu'une porte pour toute ouverture, et son pourtour est garni de tablettes,
qui s'élèvent les unes sur les autres à une certaine distance, pour y placer les fromages que
l'on veut saler. L'opération tend tout à la fois
à favoriser leur conservation et à améliorer leur
goût.

La quantité ordinaire de sel que l'on con-
somme est de quatre livres par quintal de fromage (poids de dix-sept onces). On prend du sel
broyé et purgé de toute substance étrangère,
et à l'aide d'une cuiller de fer-blanc, criblée
de petits trous, on saupoudre chaque fromage
de part et d'autre. Tous les jours, on répète
cette opération pendant deux ou trois mois, en
le retournant chaque fois pour imprégner aussi
la surface inférieure. La salaison n'est achevée
que lorsqu'on aperçoit une humidité surabon-
dante, qui annonce que la pâte est saturée de sel ;
sa couleur devient plus intense, et il se forme, à
l'extérieur, une couche qui a plus de consistance
que le centre.

Lorsque la pâte a ainsi absorbé environ quatre pour cent de son poids de sel, on l'humecte deux ou trois fois par semaine avec du vin blanc ou de l'eau salée. On peut, de cette manière, procurer au fromage un degré de bonté supérieur, en continuant cette sorte de lavage une ou deux années, et finissant dans ce dernier cas par ne faire l'opération qu'une fois par semaine pendant la seconde. On obtient, par là, des fromages plus fermes, d'une saveur exquise, et qui résistent mieux à une longue navigation.

Pour reconnaître si la pâte a subi une fermentation suffisante, on la soumet à l'essai d'une sonde, et c'est ici que se distingue le bon fromage ; ses yeux ou pores sont clair-semés ; le sondage ne doit en présenter que trois ou quatre au plus, du volume et de la forme d'un gros pois. La pâte riche en principes nutritifs est d'un blanc jaunâtre ; elle est moelleuse, délicate, et se fond dans la bouche sans effort.

Ces fromages ne sont pas les seuls produits de l'industrie des fruitiers : ils font en outre une espèce de fromage mou avec le peu de matière caséeuse que le *serum* ou petit-lait tient encore en dissolution après la cuite. La préparation de celui-ci, que l'on nomme *le serai,* est prompte et facile. On remet sur le feu le petit-lait dont

on vient d'ôter un fromage, on y ajoute environ un quart d'eau, et dès qu'il arrive au degré d'ébullition, on y verse *l'aisy*, nom que
porte le petit-lait qu'on a laissé aigrir pour servir
de présure. Bientôt il se forme à la surface une
écume blanchâtre, qui acquiert, par la cuisson,
une consistance pâteuse. On retire la chaudière
du feu, on enlève cette matière avec une pelle
de bois à manche court, et on la verse dans un
moule, dont le pourtour forme un cercle fixe et
est revêtu intérieurement d'une toile claire.
On le fait égoutter, et en se refroidissant, *le
serai* s'affaisse et forme une masse cohérente,
qui conserve la forme que le moule lui a donnée.

Le *serai* frais est une substance très saine, dont
les alpicoles font leur nourriture journalière. Ils
sont aussi dans l'usage de le saler, en le recou-
vrant de sel des deux côtés, à la dose de cinq à
six pour cent, et par ce moyen, ils le conservent
plusieurs mois ou même d'une année à l'autre.
Il ne reste, après cette manipulation, qu'un petit-lait très clair, qui ne renferme plus de *caseum*,
et qu'on emploie très utilement à la nourriture
des cochons.

La vente des fromages se fait ordinairement
pendant les mois de septembre et octobre ; le
maximum de leur prix a été de quarante-deux

francs le quintal (poids de dix-sept onces), et le *minimum* de vingt francs.

On porte à quinze mille *pâquiers* les pâturages de la chaîne des Alpes du pays de Gruyères. On nomme *pâquier* l'étendue de terrain qui fournit à l'estivage d'une mère vache, ce qui porte à quinze mille vaches l'alpage annuel. Or, prenant deux cents livres de fromage pour le produit moyen de chacune, on obtient une quantité de trente mille quintaux ; calculant ensuite leur valeur sur la moyenne des prix ordinaires, on aura près d'un million de francs, sans y comprendre les fruitières des vallées inférieures.

Vingt à vingt-deux mille quintaux passent annuellement dans l'Italie et dans le midi de la France ; le nord et l'intérieur de ce royaume n'importent que quatre à cinq mille quintaux ; le canton de Berne enlève le produit des Alpes septentrionales ; le sud de l'Allemagne et la Suisse orientale se partagent le surplus.

On croyait autrefois que la qualité de ces fromages était inhérente au sol et aux pâturages, et la petite ville de Gruyères était alors le seul dépôt des fromages de toute la contrée environnante ; elle les marquait de son blason, c'est à dire de la grue, et percevait, en échange, un droit de balance ; mais depuis que l'expérience a fait connaître qu'avec de bons pâturages, et en suivant les mêmes procédés, il était possible de fabriquer ailleurs des fromages, que l'on distingue difficilement de ceux du pays de Gruyères, ses industrieux habitans ont une double concurrence à soutenir : la première, dans les cantons de Berne et de Lucerne, qui font passer leurs produits en Allemagne, sous le nom de fromages de l'Ementhal ou fromages suisses ; et la seconde, dans le nombre toujours croissant des fruitières dans les vallées du Léman, du Jura, des Vosges, de la Savoie et autres contrées dont les productions sont confondues, sur les marchés étrangers, avec celles du pays de Gruyères.

Lorsque j'eus pris connaissance des divers procédés de manipulation que je viens de rapporter avec assez de détails pour exciter l'attention de nos cultivateurs sur une des branches les plus productives de l'industrie pastorale, il me restait encore à visiter les dépôts des marchands de fromages ; c'est principalement à Bulle et à Saint-Denis-Châtel, deux petites villes situées sur la route de Vevey, que ces vastes dépôts existent. J'y vis un nombre considérable de formes étendues sur des tablettes ou planches, disposées les unes sur les autres, comme celles de nos ateliers de vers à soie, où l'on n'a point encore introduit l'usage des claies.

Je ne m'arrêtai dans aucun de ces lieux, dont les environs, remplis de tourbe, offrent une végétation languissante, et je quittai le pays de Fribourg à Saint-Denis-Châtel, pour revenir dans celui de Vaud. Dès les premiers pas, on reconnaît que l'Administration y apprécie beaucoup mieux que dans le canton de Fribourg toute l'influence du bon état des routes sur l'agriculture et sur le bien-être des habitans.

Vevey, baigné au sud par le Léman, est couronné au nord par de magnifiques vignobles qui s'étendent jusqu'à Lausanne, et comprennent dans cet espace les vignes de la Vaux, dont j'ai parlé déjà avec quelques détails.

Je ne décrirai ici qu'une fête agricole que l'on célèbre tous les quatre ans dans cette petite ville : Cérès, représentée par une jeune fille tenant une javelle d'une main et une serpe de l'autre, y paraît assise sur un char couvert par un arc de triomphe fait avec des gerbes de blé. Parmi les personnages qui en forment la marche processionnelle, on remarque des Faunes et des Bacchantes, et à leur tête le Dieu du vin, assis sur un tonneau que portent deux hommes. Des Satyres conduisent une victime aux cornes dorées, couverte de bandelettes et de guirlandes ; on y remarque aussi le vieux Silène couronné de pampres, chancelant sur son

âne avec une cruche sous le bras. A leur suite Vul-
cain vient entouré de ses Cyclopes, qui forgent
en cadence des socs et des serpes sur une enclume
dont le bruit se mêle aux chansons rustiques d'un
nombreux cortége de vignerons, de laboureurs
et de bergers. Toutes ces cérémonies rappelle-
raient une fête antique de la Grèce, si l'on n'y
voyait pas figurer aussi le bon Noé avec son arche
et la fameuse grappe de la Terre-Promise : mélange grotesque qui retrace le siècle d'ignorance
où cette fête fut instituée.

De l'intéressante Vevey, je suivis la rive septentrionale du lac, pour me diriger à Bex, où je
visitai les salines souterraines, situées à une petite
distance de ce village.

Parmi les céréales en usage chez les habitans
de cette partie du canton de Vaud, je remarquai
le *triticum turgidum*, L. (1), que je n'avais vu
nulle part cultivé en grand; le grain de cette
espèce de blé est plus court et plus arrondi que
celui du froment ordinaire; son chaume, plus
épais et plus ferme, s'élève à 6 pieds; on le sème
en automne dans une terre enrichie d'engrais,
il produit alors une fois plus que le froment com-

____

(1) *Calycibus quadrifloris, ventricosis, villosis, imbri-
catis, obtusis*, Lin., Sp. 126.

mun ; la pâte de ce blé lève difficilement, le pain en est lourd et retient trop l'humidité : l'usage en est borné à la consommation de ceux qui le cultivent.

De là, j'allai passer le Rhône à Saint-Maurice, et je me rendis à Genève en traversant la province du Chablais, dont la fertilité vous est connue ; mais ce que j'ignorais, ce sont les efforts du général Desaix pour provoquer, dans les environs de Thonon, l'introduction de la charrue belge, la culture du chanvre de Piémont, l'éducation des chevaux suisses, et pour appliquer à sa patrie les méthodes utiles qu'il avait observées dans les régions lointaines où le sort des armes l'avait conduit.

Je terminai à Genève mon excursion agricole, elle fut trop rapide pour me permettre d'étendre mes observations, cependant elle fut d'assez longue durée pour me révéler toute l'influence que l'instruction et les mœurs exercent sur l'agriculture et sur le bonheur des hommes.

EXPLICATION DES PLANCHES.

***

PLANCHE Ire.

Plan des Bâtimens d'Hofwyl.

a. Maison d'éducation.

b. Habitation du propriétaire.

c. Maison des étrangers.

d. Manége et école d'agriculture.

e. École des filles pauvres.

Dépendances de l'Établissement.

f. Bains, salles d'armes et d'exercice, salles de musi-
que, etc.

g. Orangerie, magasin d'outils, ateliers de menuiscrie,
vannerie, etc.

h. Salles d'étude, etc.

i. Ateliers et grange avec la laiterie et les caves pour les
provisions d'hiver.

ii. Magasin de bois, avec cave et loge des cochons.

k. École des pauvres, et dans le même bâtiment, grange
et écuries.

l. Boulangerie, bains, ateliers des tailleurs et des cor-
donniers.

m. Buanderie.

n. Grange avec écuries.

o. Dépôt de machines aratoires.

p. Hangar d'été.

q. Glacière.

r. Balance pour les grosses charges.

s. Magasin de bois et loges de cochons.

PLANCHE II.

COLONIE AGRICOLE DE MAYKIRKEN.

Plan et face.

1. Chambre d'habitation.
2. Dortoir.
3. Atelier de travail.
4. Galerie.
5. Aire couverte pour battre les grains.
6. Étable.
7. Conduite d'eau.
8. Ancienne cuisine de rameaux de sapin.
9. Fumier.
10. Privé.
11. Levée de terre.
12. Rucher.

Coupe.

1. Atelier de tisserand.
2. Nouvelle cuisine.

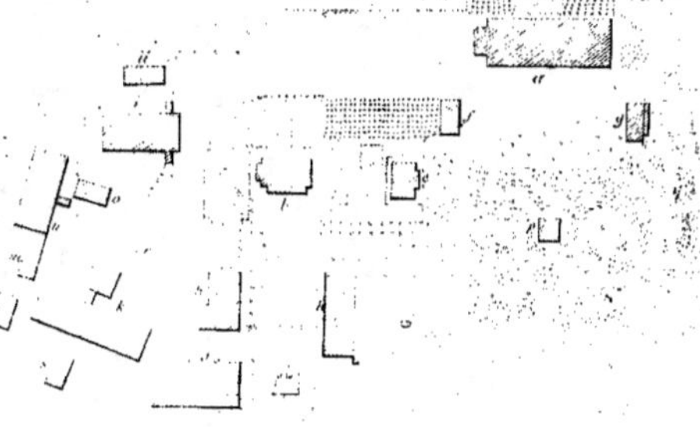

PLAN

des Bâtimens de l'Institution

D'HOFWYL.

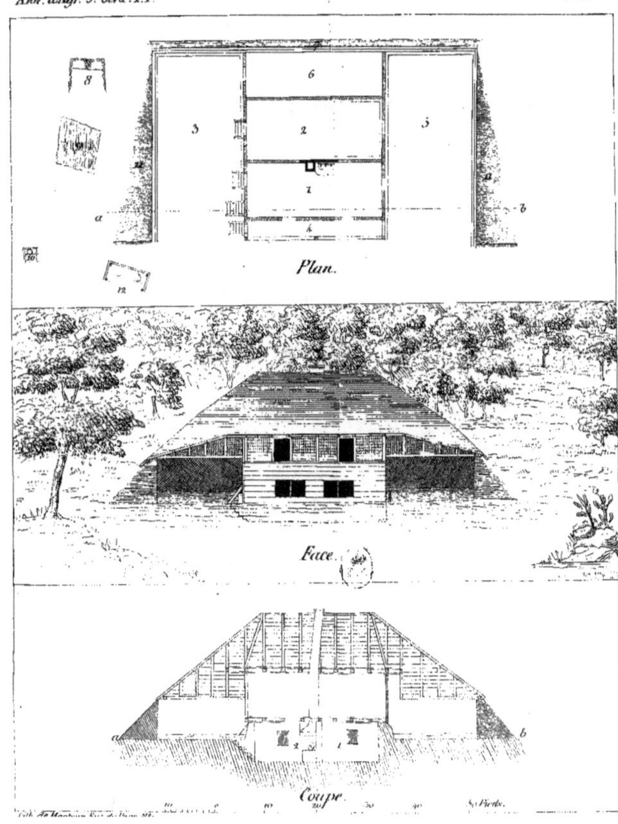
Plan.
Face.
Coupe.

SOMMAIRE.